IDENTIFICATION OF AMBER

资深珠宝鉴定师教您
如何辨别琥珀的真伪
如何判断琥珀的品质

李海波
张钧／著

琥珀辨假

文化发展出版社
Cultural Development Press

图书在版编目（CIP）数据

琥珀辨假 / 李海波，张钧著. -- 北京 ：文化发展出版社，2017.7

ISBN 978-7-5142-1798-8

Ⅰ．①琥⋯ Ⅱ．①李⋯ ②张⋯ Ⅲ．①琥珀－鉴定 Ⅳ．①TS933.23

中国版本图书馆 CIP 数据核字（2017）第 129371 号

琥珀辨假

李海波　张 钧 著

策划编辑：肖贵平

责任编辑：周　蕾　　　　　　　责任校对：岳智勇

责任印制：孙晶莹　　　　　　　责任设计：侯　铮

出版发行：文化发展出版社（北京市翠微路 2 号　邮编：100036）

网　　址：www.wenhuafazhan.com

经　　销：各地新华书店

印　　刷：北京博海升彩色印刷有限公司

开　　本：889mm×1194mm　1/16

字　　数：160千字

印　　张：12

版　　次：2017 年 9 月第 1 版　　2017 年 9 月第 1 次印刷

定　　价：88.00 元

ＩＳＢＮ：978-7-5142-1798-8

◆ 如发现任何质量问题请与我社发行部联系。发行部电话：010-88275710

序言一
PREFACE

　　在中国珠宝消费市场，琥珀从最初的少人问津，到被人们广泛认可，这期间经历了十几年的时间，直至 2014 年达到巅峰，这一年甚至被誉为中国珠宝界的"琥珀年"。随着琥珀被越来越多的珠宝爱好者喜爱并收藏，琥珀的真假鉴别就变得尤为重要。从 2006 年至今的十几年里，国家珠宝玉石质量监督检验中心（NGTC）一直致力于琥珀的鉴定及研究，积累了丰富的鉴定经验和大量的实验数据。笔者作为参与其中的主要鉴定人员，对这些宝贵资料进行了归纳总结，浅析琥珀的科学鉴定方法而成此书，希望本书能在读者鉴定及选购琥珀时起到绵薄之力。

　　全书分为八章。第一章简单介绍了琥珀的形成、产地、宝石学特征、分类等基础知识；第二章品评了网络盛传的十大琥珀鉴定法，揭示科学鉴定琥珀的方法；第三章、第四章、第五章和第六章分别对琥珀相似品与仿制品、优化琥珀、处理琥珀及人工琥珀制品的鉴定特征进行了系统论述；第七章针对市场上热销的几个名贵琥珀品种的鉴定特征进行了阐述；第八章对如何看懂琥珀证书进行了简单介绍。

为了使琥珀爱好者、初学者等能够更好地理解和使用本书，笔者并未对琥珀的大型仪器测试等专业性过强的数据进行罗列及分析，而是选取大量图片对琥珀的鉴定特征进行了图文并茂的介绍，以期读者能够产生直观生动的感官印象，指导实际中的琥珀鉴定和选购等活动。

本书还有很多不足之处，在琥珀的鉴定研究方面的描述有些过于浅显，不能解决琥珀鉴定中的所有问题；由于笔者并非专业从事文字工作，所以在对琥珀鉴定特征的语言描述上可能过于干涩，幸而尚有与之对应的图片进行感性上的阐释，终不致产生歧义。对于书中的疏漏、错误以及语言表达欠妥之处，恳请读者批评指正。

在此感谢 NGTC 北京实验室给予我进行琥珀检测及研究的工作平台；感谢在琥珀鉴定及数据收集等工作中给予我帮助的周军、黄文平、苏隽、冯晓燕、邓谦、周高、吴钰和陈晓明等同事及朋友们；感谢余晓艳导师多年来对我的谆谆教诲；感谢父母家人给予我的默默支持，谨以此书献给他们及我的 Amber 宝贝。

李海波

2016 年 12 月

　　"曾为老茯神，本是寒松液。蚊蚋落其中，千年犹可觌"，这是唐代诗人韦应物的一首诗《咏琥珀》，诗句中描写的是一块内含有蚊蚋的琥珀。在李白的诗句中也提到了琥珀，"兰陵美酒郁金香，玉碗盛来琥珀光"，可见很久以前琥珀就出现在人们的生活中。在中国，琥珀是十分珍贵的，它不仅是佛教七宝之一，还是清代官员帽上的顶珠。在欧洲，人们对琥珀的迷恋就像中国人对翡翠的迷恋一样，所以自古以来琥珀就是欧洲贵族佩戴的传统饰品，代表着高贵、古典、含蓄的美。

　　琥珀是经过漫长岁月演变而形成的化石，既是地质作用过程的最精美遗存，更是大自然赋予人类的最宝贵财富，其所具有的独特的自然、科学、艺术与经济价值越来越被人们所认识和重视，也日益受到社会的青睐和追捧，逐渐由专业人士收藏走进了普通公众的视野，成为广大消费者的钟爱。

早在十年前，在一位琥珀界朋友的带领下，我们调研了当时国内最大的琥珀加工厂。那时的琥珀市场还不太成熟，琥珀经销商一般规模不大，他们往往是凭借自身经验和彼此间的信任来进货。当时市场上严重被塑料、人工树脂、柯巴树脂等赝品充斥，就连一线城市的大商场也不乏混入假货，一些从事正规琥珀生意的厂商为此受到冲击，消费者更是真假难辨，一头雾水。那次琥珀之行给我留下了深刻的印象。琥珀经过选料、设计、加工、处理、再加工等一系列的环节后会变得异常美丽，不透明的可以变得晶莹剔透；颜色可以变得丰富多彩；内部圆圆的气泡变成了荷叶状，加上刚柔交错的流动纹理使得琥珀越发流光溢彩。

在世界众多琥珀集散地中，给我印象最深的当属波兰市场。在那里我们参观了 Gdansk 市场、琥珀博物馆、格但斯克大学等，通过与波兰国际琥珀协会的交流，我们看到了自己的优势与不足，由于东西方文化差异等因素，双方在琥珀定义上、优化处理的界定上、价值评估上还存在着一些分歧。

客观上讲，琥珀加工处理技术千变万化、不断翻新进步，并且严格保密。虽然民间鉴定琥珀的方法很多，但往往存在漏洞。比如，热针去烧琥珀，通过闻味去辨别；把琥珀放在饱和食盐水中，观察是否悬浮等，殊不知这些方法都存在着一定的局限性。

从事珠宝检测工作二十多年，在国家级实验室共计检测琥珀十几万件，发现处理和仿制品不在少数。这本书将把我们遇到的各种问题汇总，首次以实拍图片和通俗易懂的语言介绍给大家，并衷心希望读者能从中获益。

在琥珀专题的研究过程中，北京嘉乐润丰工艺品有限公司董事长孔繁利、深圳市赛吉祥瑞贸易有限公司董事长杨颖、北京欧雅福瑞工艺品有限公司总经理宋琳娟都给予了大力帮助，在此表示衷心的感谢！

2016 年 12 月

目 录
CONTENTS

Chapter 1

认知琥珀

Chapter 2

琥 珀 的 鉴 定 方 法

Chapter 3

琥珀天然相似品与人工仿制品的鉴定与定名

Chapter 4

优化琥珀的鉴定与定名

Chapter 5

处理琥珀的鉴定与定名

Chapter 6

人 工 琥 珀 制 品 的 鉴 定 与 定 名

Chapter 7

名 贵 琥 珀 品 种 的 鉴 定

Chapter 8

如 何 看 懂 琥 珀 证 书

Chapter 1

认知琥珀

琥珀形成年代久远，不仅具有美观、耐久、稀少的宝石特性，还因为富含珍贵的动、植物包裹体，而具有古生物、古环境方面的科学研究价值。每一块琥珀都是那么独一无二，美丽非凡。现在，我们要正式开启揭开琥珀神秘面纱的认知之旅，从琥珀的形成、产地、宝石学特征和分类等方面对其进行深入、系统的了解。

琥珀的形成

◎ 琥珀形成的模拟场景，松科类植物分泌黏稠的树脂，并逐渐积聚滴落（摄于波兰格但斯克大学琥珀博物馆）

琥珀是一种备受人们喜爱的珍贵有机宝石，它形成于几千万年前，是由松科、杉科或豆科类等植物的树脂滴落积聚后，经地质作用掩埋于地下，经过漫长的地质年代，逐渐石化而成。树脂在滴落时会包裹大量的包裹体，如动物、植物、矿物、空气、水和沙土等，最终形成独一无二的有机化石。

◎ 琥珀形成的模拟场景，滴落的液态松脂包裹住来不及逃走的昆虫，最终形成虫珀
（摄于波兰格但斯克大学琥珀博物馆）

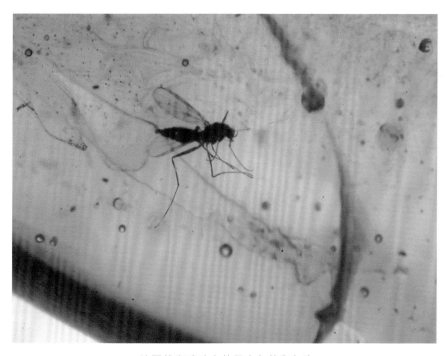

◎ 波罗的海琥珀中的昆虫包体和气泡

琥珀的产地

　　琥珀的产地众多，全世界已知的就有一百多个。目前市场上常见的琥珀品种主要产自波罗的海沿岸国家（俄罗斯、波兰、乌克兰、立陶宛、丹麦、挪威和德国等国家）、加勒比海沿岸国家（多米尼加和墨西哥等国家）

◎ 波罗的海琥珀原石

和缅甸。在罗马尼亚、英国、法国、意大利、美国、加拿大、日本等国家也有产出，中国的琥珀主要产自辽宁抚顺、河南西峡、福建和云南等地。

波罗的海琥珀储量最大，全球 80% 以上的琥珀均产自于此。它是由松科类植物的树脂石化而成，年龄在 3000 万～ 6000 万年，颜色丰富，明亮鲜艳，主要为浅黄－棕黄色，暴露在空气或海水中，琥珀表面就会被氧化成深棕黄色或棕红色。透明的琥珀，晶莹剔透，能清晰地看见内部的动物、植物和其他包裹体；不透明的蜜蜡，质地细腻温润，具特征的云雾状或似玛瑙环带的团块状流动纹路。波罗的海琥珀含对人身体有益的琥珀酸（succinic acid），且含量较高，一般能达到 3%～8%，所以现有的琥珀品种中，仅有波罗的海琥珀能够被称为"succinite"（特指含琥珀酸的琥珀），轻轻摩擦或加热后，能闻到清新的松脂香味。

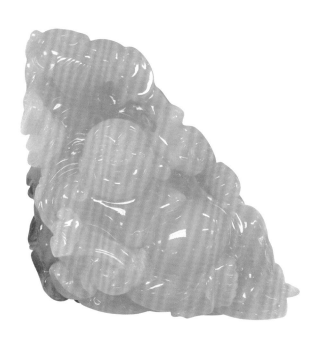

◎ 波罗的海琥珀（蜜蜡）

加勒比海琥珀主要产于多米尼加和墨西哥，是由豆科类植物的树脂石化而成，年龄在 2000 万～3000 万年（有时也产出一些未完全石化的柯巴树脂），透明度好，体色为黄、棕黄、棕红色，在含有紫外线的光线照射下，可发出不同色调的蓝色荧光。多米尼加以盛产著名的"天空蓝"蓝珀而闻名于世，产出的琥珀质量上佳，内部所含的包裹体亦美丽非凡，如漂亮的花朵、叶子、鸟的羽毛和蜥蜴等。墨西哥出产带有绿蓝或蓝绿色荧光的蓝珀，透明度、净度较好，内部也会含有大量动、植物包裹体。

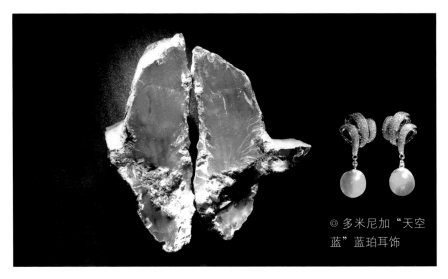

◎ 多米尼加"天空蓝"蓝珀耳饰

◎ 多米尼加琥珀（蓝珀）原石

◎ 墨西哥琥珀原石

　　缅甸琥珀是由杉科类植物的树脂石化而成，年龄在 6000 万～1.4 亿年，由于石化年龄较长，硬度高，颜色较深，主要为褐黄色－棕红色，内部多具云雾状流动纹路，含有丰富的动、植物和矿物包裹体。开采出来的缅甸琥珀原石块体较大，适合做大件饰品，如手镯、摆件等。缅甸琥珀色彩、品种丰富，常见的著名品种有血珀、蜜蜡、金蓝珀和根珀等。

◎ 墨西哥琥珀念珠

◎ 缅甸琥珀（金蓝珀）套饰

◎ 缅甸琥珀原石及手串

琥珀的宝石学特征

❋ 化学成分

由于不同产地琥珀的组成成分存在差异，所以化学式复杂多变，主要组成元素是 C、H、O，微量元素主要有 S、Al、Mg、Ca、Si、Cu、Fe、Mn 等。

❋ 形态

琥珀为非晶质体，有各种不同的形态，多呈扁平的厚板状（即饼状）、结核状、肾状、瘤状、水滴状和其他不规则的形状等，原石表面多有一层深色的氧化皮，表面可见天然的风化纹路。

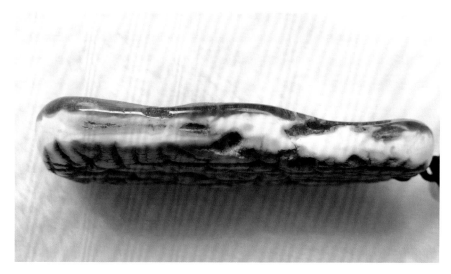

◎ 呈板状产出的波罗的海白蜡原石

◎ 波罗的海白蜡原石表面棕黄色网状风化皮

21

❋ 光学性质

1．颜色

浅黄色－棕黄色、棕红色－深棕红色、黄褐色－绿褐色、白色－浅黄白等色，绿色极少见。

◎ 各色波罗的海琥珀挂坠

2．光泽、透明度

透明－微透明。未加工的原料呈土状光泽或树脂光泽，抛光后呈树脂光泽至近玻璃光泽。

◎ 在一块波罗的海蜜蜡上，可呈现出丰富的颜色变化，浅黄白色－黄色－棕黄色－棕红色

3．光性特征

均质体，在正交偏光下观察，常见由应力产生的异常消光和干涉色。

◎ 在正交偏光下观察，琥珀内部常见应力产生的蛇带状异常消光

◎ 在正交偏光下观察，墨西哥琥珀内部常见异常干涉色

4．折射率

1.539 ～ 1.545，点测法常为1.54。琥珀受热或长时间放置在空气中，表面会因氧化而颜色变深，同时折射率值也会变大。

5．发光性

在长波紫外线下，琥珀呈弱至强的蓝色、蓝白色、紫蓝色、黄绿色至橙黄色荧光；在短波紫外线下，弱至无荧光。

◎ 在自然光线下，缅甸琥珀提珠的体色为棕红色

◎ 在长波紫外线下，缅甸琥珀提珠发强紫蓝色荧光，部分商家会将其作为蓝珀来销售

✳ 力学性质

1. 断口

断口呈贝壳状。韧性差，外力撞击容易碎裂。

◎ 波罗的海琥珀的贝壳状断口

2. 硬度

HM=2 ～ 2.5，用小刀可轻易刻划。

3. 密度

琥珀是已知宝石中最轻的品种，其密度为 1.08（＋ 0.02，－ 0.12）g/cm^3，在饱和食盐水中上浮。如果含特殊包裹体，导致琥珀密度变大，也可悬浮或下沉。

✿ 内外部特征

常见内含物有动物、植物、气泡、气液包体、流动纹路、片状裂纹和杂质等。

1．动物

常见甲虫、蚊子、蜘蛛、蜻蜓、蚂蚁等，少见蜥蜴等体形较大的动物包体，而且个体完整者少见，多保留有挣扎痕迹，身体周围可见断肢或碎片。

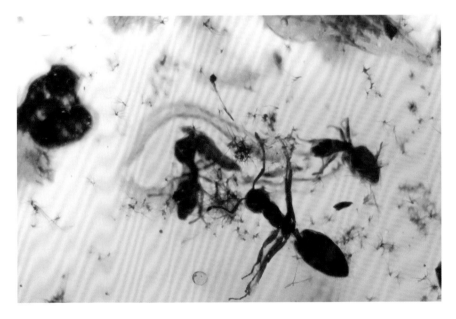

◎ 波罗的海琥珀中的蚂蚁和橡树花毛

2．植物

琥珀中保存有花、种子、果实、树叶、草茎和树皮等植物碎片。

◎ 缅甸琥珀中的植物包体

3. 气泡和气液包体

　　琥珀中常见圆形或椭圆形气泡，有时还可见气液两相包体（即商业上所谓的水胆琥珀）。

◎ 波罗的海琥珀中的密集气泡

◎ 波罗的海琥珀中的昆虫包体、气泡和气液包体（即俗称的水胆）

4. 流动纹路

　　由于树脂滴落时间不同等原因，在琥珀内部形成的流动纹路，周围多分布有昆虫或植物碎片。

◎ 波罗的海琥珀中的红褐色流动纹路

◎ 缅甸琥珀中的层状红褐色流动纹路

◎ 昆虫包体多在层间分布

5.片状裂纹／太阳光芒

在琥珀内部常见片状炸裂纹,俗称"睡莲叶""鳞片"或"太阳光芒",可在一定温度和压力下由人工方法获得。

6.杂质

在琥珀的裂隙、空洞或内部常见泥土、沙砾、矿物碎屑等杂质。

◎ 波罗的海琥珀中的"太阳光芒"

❋ 其他

1.导电性

琥珀是电的绝缘体,与绒布摩擦能产生静电,可将细小的碎纸片吸起来。

2.导热性

琥珀的导热性差,手触有温感,加热至150℃时变软,250℃时熔化,380℃时燃烧,并散发出香味。

◎ 缅甸琥珀中的矿物包体,主要是方解石和黄铁矿

琥珀的分类

在实际销售中，常根据琥珀的颜色、透明度、包裹体、矿床地质环境和开采形式、产地等特征来分类命名。

❋ 按颜色划分

1. 血珀

红色透明的琥珀，色红如血者为血珀中的上品，主要产自波罗的海和缅甸。红至发黑者又称瑿珀，即在正常光下观察是黑色，强透射光下观察呈深棕红色的琥珀。

◎ 波罗的海血珀手串

◎ 深棕红色波罗的海血珀挂件

2．金珀

金黄色透明的琥珀，其中浅黄色者又称明珀。

◎ 波罗的海金珀挂件

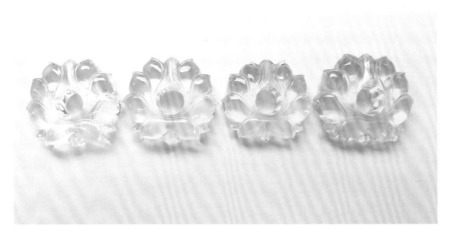

◎ 波罗的海金珀，从左往右颜色逐渐加深，商业上依次称为水珀（或明珀）、明珀、金珀和鸡油黄珀

3. 绿珀

　　浅绿至绿色透明的琥珀，较稀少。据报道曾产于意大利西西里岛，淡绿色，出土后在空气中氧化，颜色很快变黄。市场上常见的所谓"绿珀"主要是由柯巴树脂经加温加压改色、染色或有色覆膜处理获得，少部分是由琥珀经加温加压改色获得。而所谓的墨西哥"绿珀"其实并非体色为绿色的琥珀，而是具蓝绿或绿蓝色荧光的琥珀，一般归为蓝珀。

◎ 加温加压改色处理的柯巴树脂原石

◎ 市场上销售的所谓"绿珀"，实际上为加温加压改色处理的柯巴树脂

◎ 缅甸琥珀中的柳青珀，颜色带绿色调，呈褐绿黄或褐黄绿色

4. 蓝珀

蓝珀并非正常意义上体色为蓝色的琥珀，而是指透视观察体色为黄、棕黄、黄绿和棕红等色，在含有紫外线的光线照射下呈现独特的不同色调的蓝色荧光的琥珀。主要产自多米尼加、墨西哥和缅甸。市场上销售的体色为蓝色的"蓝珀"主要是由人工树脂加入致色剂制作而成的仿琥珀；或由柯巴树脂经染色或有色覆膜处理获得。

◎ 多米尼加蓝珀原石

◎ 多米尼加蓝珀念珠，在暗背景下，表面呈现蓝色荧光

◎ 墨西哥蓝珀念珠，在暗背景下，表面呈现蓝绿色荧光

✿ 按透明度划分

按照琥珀的透明程度可将其分为两大类，透明者为琥珀，半透明－不透明者为蜜蜡。行业中有时会将半透明的蜜蜡又称为"金绞蜜"或"金包蜜"；将色白如骨的不透明琥珀又称为骨珀或白蜡。

◎ 透明的波罗的海琥珀

◎ 半透明的波罗的海金绞蜜

◎ 不透明的波罗的海蜜蜡（带棕红色氧化皮）

◎ 波罗的海黄花蜡

◎ 波罗的海白蜡（骨珀）

◎ 波罗的海白花蜡

◎ 波罗的海各色蜜蜡

琥珀的透明度受很多因素影响，如琥珀中琥珀酸的含量（琥珀酸含量越高，透明度越低）、琥珀内部含有的微小气泡和包裹体等。缅甸根珀的不透明是由于含有大量微晶方解石等矿物包体，一般不会将其归为蜜蜡，真正的缅甸蜜蜡产量较少。

◎ 缅甸蜜蜡多呈半透明－微透明，温润稠厚如蜜糖，极少完全不透明

◎ 缅甸根珀含有大量微晶方解石等矿物包体，基本完全不透明

❈ 按包裹体划分

　　按照琥珀内部所含包裹体的种类，可将琥珀分为以下几种。

1. 虫珀

　　包含有昆虫或其他生物的琥珀。

◎ 波罗的海虫珀项链

◎ 波罗的海虫珀中包含有大量蚊子包体

2．植物珀

包含有植物的琥珀，如花、叶、根、茎、种子等。

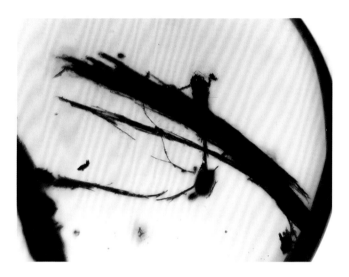

◎ 波罗的海琥珀中的植物纤维

3．水胆珀

包含气液两相包体的琥珀。

◎ 波罗的海水胆珀

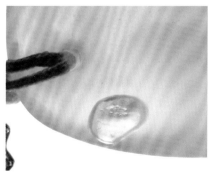

◎ 波罗的海蜜蜡中的气泡，内部无液体及能灵活移动的气泡，所以并非水胆琥珀

4. 花珀

　　包含有片状裂纹，俗称"睡莲叶""鳞片"或"太阳光芒"的琥珀。根据片状裂纹的颜色不同，又可以细分为金花珀和红花珀。

◎ 波罗的海金花珀

◎ 波罗的海红花珀

5．矿物珀

包含有矿物包体的琥珀，常见的矿物包体有方解石、石英、长石、黄铁矿等。缅甸根珀内部由于含有微晶方解石等矿物包体而不透明，随颜色深浅变化，呈现出似大理石般的美丽纹路。

◎ 缅甸根珀内部包含有微晶方解石等矿物包体，表面呈现出似大理石般的美丽纹路

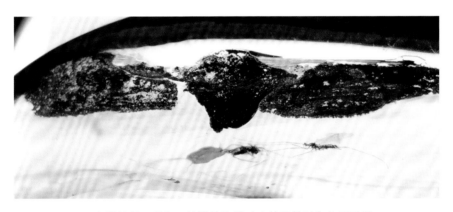

◎ 在透射光下观察，波罗的海琥珀中的黄铁矿包体不透明

◎ 在反射光下观察，波罗的海琥珀中的黄铁矿包体呈现金属光泽

❄ 按矿床地质环境和开采方式划分

1. 海珀

波罗的海沿岸地区的部分琥珀矿层经海水侵蚀，琥珀被释放出来，因其密度低于海水的密度，可在海面上漂浮，被海浪带至浅海区域或堆积在海滩上，这种琥珀就是狭义上的海珀。目前在琥珀业界普遍接受的，广义上的海珀是指整个波罗的海区域产出的琥珀。

◎ 模拟波罗的海海滩上发现海珀的场景（摄于丹麦哥本哈根琥珀屋琥珀博物馆）

◎ 海珀原石表面的海洋寄生物残骸

◎ 波罗的海海漂料

◎ 海珀经海水长时间冲
刷，多呈浑圆状，表面
遍布风化纹路

◎ 海珀表面的风化纹路形
似大脑，有时又将其称为
脑纹海漂料

2．矿珀

从陆地矿区的岩层或煤层中开采出来的琥珀。主要分布在缅甸、多米尼加、墨西哥和中国辽宁抚顺等地。

◎ 多米尼加矿珀原石（蓝珀）

◎ 缅甸矿珀原石

❄ 按产地划分

根据琥珀的产地进行分类，市场上常见的琥珀品种有波罗的海琥珀、多米尼加琥珀、墨西哥琥珀和缅甸琥珀等。

❋ 其他品种

还有一些商业品种没有办法归为以上几类，现列举如下。

（1）灵珀：有灵气的琥珀，一种说法是虫珀，另一种说法是虫珀与植物珀的统称。

（2）香珀：摩擦后具有香味的琥珀。

（3）风景珀：外观犹如美丽风景画的琥珀，多含有植物、矿物包体或美丽的花纹。

◎ 波罗的海风景珀，内部含有植物包体

❋ 国家标准中琥珀品种的划分

在国家标准中，根据透明度、颜色、包体等特征，定义了以下几个亚种。

蜜蜡：半透明至不透明的琥珀。

血珀：棕红至红色透明的琥珀。

金珀：黄色至金黄色透明的琥珀。

绿珀：浅绿至绿色透明的琥珀，较稀少。

蓝珀：透视观察琥珀体色为黄、棕黄、黄绿和棕红等色，自然光下呈现独特的不同色调的蓝色荧光，紫外光下可更明显。

虫珀：包含有昆虫或其他生物的琥珀。

植物珀：包含有植物（如花、叶、根、茎、种子等）的琥珀。

◎ 波罗的海风景珀，内部含有矿物包体

Chapter 2

琥珀的鉴定方法

认知之旅让我们了解了琥珀的特性，而如何在众多的鉴定指南或秘籍中选择正确的鉴定方法，将成为亟须解决的首要问题。下面将从两个层次解析如何科学地鉴定琥珀。第一层次：鉴假——品评网络盛传的十大琥珀鉴定法；第二层次：品真——揭示科学鉴定琥珀的方法。

品评网络盛传的十大琥珀鉴定法

近几年，随着珠宝市场的迅猛发展，琥珀的销售也一片火热，品种极大丰富，价格连续上涨，尤其是 2014 年，业内有"琥珀年"之称。琥珀从一个小品类走到了珠宝市场的前沿，中国人对琥珀，尤其是蜜蜡的嗜爱，使得中国成为全球琥珀消费的第一大国。

随着琥珀的热销，各种琥珀仿制品层出不穷，各种琥珀处理方法也在不断翻新，原有简单的琥珀检测方法已经无法满足现有的检测要求，各珠宝鉴定实验室面临着前所未有的琥珀检测挑战，不仅是检测量大增的挑战，更是对珠宝检测人员的鉴定经验和细心程度的挑战。

虽然《GB/T 16552-2010 珠宝玉石名称》和《GB/T 16553-2010 珠宝玉石鉴定》这两项国家标准规定了琥珀、琥珀仿制品、处理琥珀和人工琥珀制品的定名规则；增加了琥珀的分类及优化处理法，并对各种处理方法的鉴定特征进行了描述。但是真正能够准确鉴定琥珀及其相似品的鉴定机构并不多，各质检机构的鉴定水平参差不齐，这就造成了琥珀鉴定结果的混乱，同一样品不同鉴定结果的现象时有发生，没有给琥珀的市场销售起到保驾护航的作用。

以下将从两个层次解析如何科学鉴定琥珀。第一层次：鉴假——品评网络盛传的十大琥珀鉴定法；第二层次：品真——揭示科学鉴定琥珀的方法。

搜索网络，会有很多的琥珀专家、资深玩家教给消费者如何"快速""有效"鉴定琥珀的方法。这些简易琥珀鉴定法都有一定的理论基础，但最大的缺点就是太片面，仅能在一个小范围内区分有限的几个品种，根本无法完整地对一件琥珀类制品作出准确判断。以下 10 条琥珀快速鉴定方法的文字来源于网络，仅在此对其各自的缺点进行分析。

❄ 盐水测试法

琥珀密度为 $0.98 \sim 1.10 \text{g/cm}^3$，在饱和食盐水中琥珀、轻质塑料和树脂均可浮起来，普通塑料、玻璃、亚克力和电木下沉。（此法限裸珀，盐水浓度不够、体内有大量杂质的琥珀也会下沉）

该测试法的缺点如下。

（1）不适用于鉴别已镶嵌琥珀或已编结好的琥珀饰品。

（2）不能区分柯巴树脂、处理琥珀、部分人工树脂仿琥珀和人工琥珀制品（再造琥珀和拼合琥珀），容易将一些因含有特殊包体而密度增大的琥珀误判为仿制品。

❄ 热针试验

用烧红的针，刺入琥珀的不明显处，有淡淡的松香味。电木、塑料则发出辛辣臭味并粘住针头，有时拔针后会有拉丝现象。不足年份的柯巴树脂或是松香，热针会极易插入，将其熔化并发出香味。针插入的轻重难易程度是经验极丰富的专业人士才能感觉到。（太热会使琥珀表面留下黑点，影响美观）

该测试法的缺点如下。

（1）属于有损检测。

（2）由于形成琥珀的树种不同，所以不是所有的琥珀都能闻到松香味。

（3）不适用于表面覆膜的琥珀制品。琥珀表面的膜层成分均为人工树脂，热针接触后的反应与人工树脂仿制品相同，易将其误判为仿琥珀。

（4）不能区分热处理柯巴树脂、处理琥珀和人工琥珀制品（再造琥珀和拼合琥珀）。

❄ 刀削针挑试验

裁纸刀削琥珀会削成粉末状，树脂会成块脱落，塑料会呈卷片状。用针与水平呈 20° ～ 30° 角刺琥珀会有爆碎的感觉和十分细小的粉渣，如果是硬度不同的塑料或别的物质，要么是扎不动，要么是很黏的感觉。（此试验会对首饰带来损伤，挑掉切掉的地方只能找专业人员修补，最好是不做或是少做，以免对琥珀造成损坏）

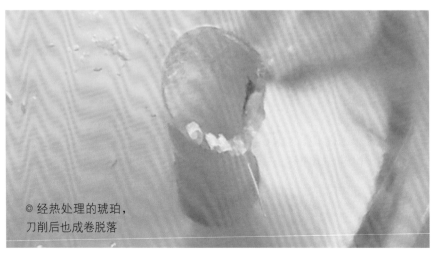

◎ 经热处理的琥珀，
刀削后也成卷脱落

该测试法的缺点如下。

(1) 属于有损检测。

(2) 不能区分部分经热处理的琥珀, 此类琥珀经刀削测试, 也会起卷。

(3) 不能区分部分经热处理的柯巴树脂, 此类样品经刀削测试, 也会呈粉末脱落。

(4) 不能区分处理琥珀和人工琥珀制品 (再造琥珀和拼合琥珀)。

❋ 溶解度测试

用蘸有洗指甲药水的棉签反复擦拭琥珀表面, 没有明显的变化。塑料和压制琥珀都没变化, 但是柯巴树脂因为没有完全石化就会被腐蚀而产生黏坑, 将松香放入洗指甲药水浸泡会慢慢溶解。(有的琥珀表面有一层上光物质, 在药水擦拭下会变成白斑, 但这层白斑可用指甲刮去, 露出琥珀表面, 将药水擦拭其上, 不会有任何变化。药水对琥珀仍会有 18% ～ 20% 的溶解度, 泡久表面可能变得雾蒙蒙的)

该测试法的缺点如下。

(1) 属于有损检测。

(2) 不能区分人工树脂仿琥珀、经热处理的柯巴树脂、处理琥珀和人工琥珀制品 (再造琥珀和拼合琥珀)。

❋ 手感

琥珀属中性有机宝石, 夏日戴不会很热, 冬日戴不会太凉, 很温和。用玻璃或是玉髓仿制会有冰冰的、很沉的感觉。

该测试法的缺点如下。

不能区分人工树脂仿琥珀、柯巴树脂、处理琥珀和人工琥珀制品 (再造琥珀和拼合琥珀)。

❄ 观察内部包体

眼观鳞片：这是镶嵌琥珀辨认的最主要方法。爆花琥珀中一般会有漂亮的荷叶鳞片，从不同角度看它都有不同的感觉，折光度也会不一样，散发出有灵性的光。假琥珀透明度一般不高，鳞片发出死光，不同角度观察都是差不多的景象，缺少琥珀的灵气。假琥珀中鳞片和花纹多为注入，所以大多一样，市面最常见的是红鳞片。

眼观气泡：琥珀中的气泡多为圆形，压制琥珀中气泡多为长扁形。

该测试法的缺点如下。

（1）琥珀中的"睡莲叶"（鳞片）多具放射状"叶脉"，人工树脂仿琥珀中的"睡莲叶"（鳞片）多不具放射状"叶脉"，呈呆板的圆形亮片。但此特征也常有例外，不能作为鉴定的主要依据，只能当作辅助判断。

（2）不能区分柯巴树脂、处理琥珀和人工琥珀制品（再造琥珀和拼合琥珀）。

◎ 花珀内部的"睡莲叶"（鳞片）多具放射状"叶脉"

◎ 花珀内部的"睡莲叶"（鳞片）有时也无放射状"叶脉"，呈呆板的圆形亮片

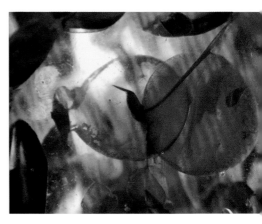

◎ 人工树脂仿花珀，内部多为无"叶脉"的呆板的圆形亮片

◎ 波罗的海花珀

◎ 人工树脂仿花珀

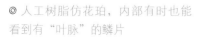

◎ 人工树脂仿花珀，内部有时也能
看到有"叶脉"的鳞片

◎ 热处理柯巴树脂仿花珀，内部的"睡莲叶"（鳞片）也具放射状"叶脉"

❄ 紫外线照射

将琥珀放到验钞机下，会出现荧光，有淡绿色、绿色、蓝色、白色等。琥珀、金珀变色最明显，血珀和蜜蜡变色不太明显，越透越明显，塑料不会变色。（不要在强光下测试，不然效果不明显）

该测试法的缺点如下。

不能作为决定性的区分依据，琥珀、柯巴树脂、处理琥珀、人工琥珀制品（再造琥珀和拼合琥珀）和人工树脂仿琥珀（塑料）在长波紫外线的照射下，都可发出不同颜色的荧光。部分染色琥珀使用的染色剂具有特殊颜色的强荧光，此时这一特征可以作为辅助判断依据。

❄ 香味

琥珀在摩擦时只有一点儿几乎闻不到的、很淡的气味或干脆就闻不出，但带皮的或未经抛磨的琥珀摩擦时会产生香味，可以闻到淡淡的、特殊的松脂香气。琥珀只有燃烧时才会散发出松香味。（地摊上不摩擦就有香味的，还是只看不买的好）

该测试法的缺点如下。

（1）由于形成琥珀的树种不同，所以不是所有的琥珀都能闻到松香味。很多人工树脂仿琥珀会添加人工香精，甚至不需要摩擦样品也会有浓郁的香味。许多用于佛事的琥珀，由于长期受佛香熏染，会带有檀香或沉香等的香味。综上所述，仅凭香味的产生是否需要摩擦及是否为松香味来判断是否为琥珀，是片面的。

（2）不能区分柯巴树脂、处理琥珀和人工琥珀制品(再造琥珀和拼合琥珀)。

（3）不适用于表面覆膜的琥珀制品。

❄ 声音测试

无镶嵌的琥珀珠子放在手中轻轻揉动，会发出很柔和、略带沉闷的声响，塑料或树脂的声音则比较清脆。

该测试法的缺点是，在区分玻璃、玉髓等仿琥珀时，尚有可操作性，其他基本不适用。

❄ 摩擦带静电

拿琥珀在衣服上摩擦后可以吸引小碎纸屑。（友情提醒：复印纸除外）

该测试法的缺点是，在区分玻璃、玉髓等仿琥珀时，尚有可操作性，其他基本不适用。

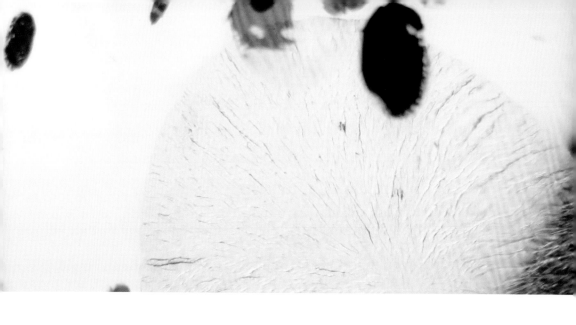

科学鉴定琥珀的方法

❋ 常见琥珀及相关制品的类型及定名

根据琥珀的相关国家标准，再结合市场常见琥珀相关制品的品种，总结内容如表 1 所示。

表 1　常见琥珀及相关制品的类型及定名

常见品种	优化处理方法	优化处理类别（或品种归属）	定名
琥珀	无	—	琥珀
热处理琥珀	热处理	优化	琥珀
无色覆膜琥珀	无色覆膜	优化	琥珀

续表

常见品种	优化处理方法	优化处理类别（或品种归属）	定名
有色覆膜琥珀	有色覆膜	处理	有色覆膜琥珀／琥珀（处理）／琥珀（有色覆膜）
染色琥珀	染色	处理	染色琥珀／琥珀（处理）／琥珀（染色）
充填琥珀	充填	处理	充填琥珀／琥珀（处理）／琥珀（充填）
仿琥珀（人工树脂等）	—	仿宝石	仿琥珀（或写出具体材料名称）
再造琥珀	—	人工宝石	再造琥珀
拼合琥珀	—	人工宝石	拼合琥珀

❋ 琥珀的实验室鉴定

1. 琥珀鉴定常用的仪器设备

（1）红外光谱仪

利用傅里叶变换红外光谱仪对样品进行谱学分析，根据样品在中红外区域（4000～400cm^{-1}）的光谱对样品进行判断，可以鉴定琥珀、仿制品（人工树脂等）和天然相似品（柯巴树脂等）；可以鉴定部分人工和处理琥珀；可以判断琥珀产地。

◎ 傅里叶变换红外光谱仪

◎ 宝石显微镜

◎ 偏光镜

◎ 紫外荧光灯

◎ 强光/紫外光两用手电

（2）宝石显微镜

在不同放大条件和不同光源照射下，仔细观察样品的内外部特征，能鉴定处理琥珀、人工琥珀（再造琥珀和拼合琥珀）和部分仿制品。

（3）偏光镜

使用偏光镜，在正交偏光下观察透明样品的光性特征，可以辅助判断样品是否为再造琥珀或再造柯巴树脂。

（4）紫外荧光灯

使用紫外荧光灯，在长波(365nm)紫外线下观察样品，可以辅助判断样品是否为再造琥珀、拼合琥珀、充填琥珀或染色琥珀。

（5）强光/紫外光两用手电

作为一种小型的便携鉴定工具，两用手电的强光部分能够帮助观察样品的内外部特征，进而判断是否为仿制品、再造琥珀、拼合琥珀和充填琥珀等；紫外光部分能够帮助观察样品的外部特征，在判断拼合琥珀和充填琥珀时最为快速有效。

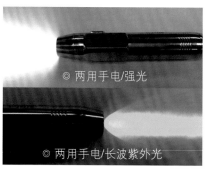

◎ 两用手电/强光

◎ 两用手电/长波紫外光

2．鉴定步骤

实验室对琥珀的鉴定可分为两部分。

(1) 确定样品材质：即先确定样品材质是否为琥珀，将琥珀与仿制品、天然相似品区别开，此步骤主要通过红外光谱测试完成，可同时判断琥珀产地。

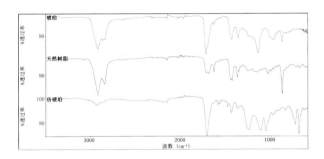

◎ 琥珀与相似品的红外光谱特征

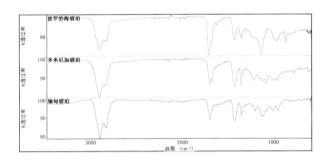

◎ 不同产地琥珀的红外光谱特征

(2) 确定样品是否经处理或为人工琥珀制品：主要通过常规宝石鉴定仪器 (宝石显微镜、偏光镜和紫外荧光灯等) 测试完成。

通常，实验室完成以上两个步骤的鉴定，基本可以得出准确的检测结果。但是大量送检样品中，不管是处理品、人工制品还是仿制品、相似品，均做工精致，与天然琥珀的相似程度极高；再加上珠串、大雕件等样品组合形式多样，更具复杂性和隐蔽性，使得琥珀的鉴定远比文字所描写的复杂且风险巨大。在缺乏专业的鉴定仪器和系统的鉴定知识条件下，非专业人士在非正规市场进行淘买、投资或收藏等的风险更是呈几何级数增长。

Chapter 3

琥珀天然相似品与人工仿制品的鉴定与定名

与琥珀外观相似的仿制品可以大致分为两类：一类是琥珀的天然相似品，如松香、柯巴树脂等，在定名时直接以材料名称定名；另一类是琥珀的人工仿制品，如各种人工树脂、玻璃等，在定名时可以直接以材料名称定名，如果无法确定具体材料名称，也可定名为仿琥珀。

琥珀天然相似品的鉴定

❄ 松香

松香是一种未经地质作用的无定形固态树脂，淡黄色－棕红色，透明，树脂光泽，质轻，硬度小，用手可捏成粉末。一般加热至 80℃左右开始软化，110℃左右熔化，燃烧时有芳香味。由于松香未经石化，其成分与琥珀有很大差异，所以在实验室检测中能通过红外光谱检测轻易将两者区分开。

© 松香

❄ 柯巴树脂

　　柯巴树脂是一种比琥珀年轻的半石化树脂，具有与琥珀相似的物理和化学性质，但石化程度较低，形成年代一般低于 2000 万年。柯巴树脂通常为浅黄色，手搓有黏感，较琥珀性脆，易开裂；在无水乙醇或乙醚等具化学腐蚀作用的液体中更易被腐蚀，甚至完全溶解。与琥珀一样，柯巴树脂也可含各种动、植物包体。一般加热至 150℃ 就会熔化。目前市场上常见的用于仿制琥珀的柯巴树脂主要来自马达加斯加、哥伦比亚、新西兰和非洲等地。多米尼加和墨西哥也出产一小部分柯巴树脂，形成年代在 1500 万年左右。

◎ 哥伦比亚柯巴树脂，内含丰富气泡

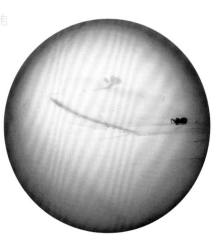

◎多米尼加柯巴树脂，内部可见流动纹路和昆虫包体

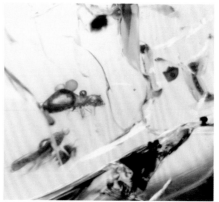

◎ 柯巴树脂内部的气泡、水胆和昆虫包体保存完整，未见热处理迹象

◎ 柯巴树脂中的昆虫包体，周围有零星气泡，未见热处理迹象

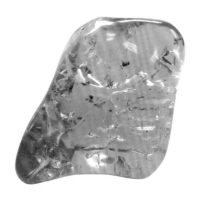

◎ 柯巴树脂经热处理后，昆虫包体周围产生红晕

◎ 用作摆件的大块柯巴树脂，内含昆虫包体

◎ 未经热处理的柯巴树脂，颜色为特征的浅褐黄色

◎ 柯巴树脂经热处理后，昆虫包体周围产生盘状裂隙，形成氧化红晕，身体碳化发黑

◎ 似蜜蜡的柯巴树脂

◎ 柯巴树脂的流动纹路相对平直，有白色斑点，少见团块状流动纹路

◎ 蜜蜡具特征的云雾状或似玛瑙环带的团块状流动纹路

◎ 包裹在锡纸中加热的柯巴树脂样品

◎ 柯巴树脂受热后，表面熔融，氧化变色，局部仍可见残留的锡纸

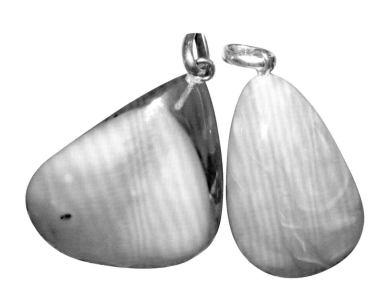

◎ 左为柯巴树脂，流动纹路相对简单平直；
右为琥珀，流动纹路复杂，立体感强

　　国际上许多实验室将马来西亚婆罗洲出产的柯巴树脂定名为琥珀，但国内业界普遍认为它是没有完全石化的树脂，达不到琥珀的标准，所以将其归为柯巴树脂。婆罗洲柯巴树脂的形成年代在 2000 万年左右，也许是树种的原因，仍保留有半石化树脂的某些特性，如性脆易碎、手搓有黏感等。婆罗洲柯巴树脂的颜色及图案与缅甸琥珀、根珀和抚顺花珀相似，常用来冒充缅甸和抚顺琥珀销售；又因为多具明显的紫蓝色荧光，也常用来冒充缅甸蓝珀和多米尼加蓝珀。

◎ 马来西亚婆罗洲柯巴树脂原石

◎ 马来西亚婆罗洲柯巴树脂的颜色与缅甸琥珀相似

◎ 婆罗洲柯巴树脂内部零星分布的红褐色油滴状纹路

◎ 缅甸棕红珀

◎ 缅甸棕红珀内部的红褐色点状纹路

由于柯巴树脂没有完全石化，含有易挥发的不饱和成分，所以在实验室检测中能通过红外光谱检测将其与琥珀区分开。针对柯巴树脂的这种特性，有商家将柯巴树脂放入压炉中，采用加温加压的方法，使其内部的不饱和成分快速逸出，人为加速其石化过程。处理后的柯巴树脂颜色变深、无黏手感，外观几近完美，肉眼无法辨别。

这种热压处理柯巴树脂成本低、鉴定难度大，大量涌入琥珀销售市场后，立刻成为当仁不让的头号"李鬼"。早期这种方法处理的柯巴树脂呈不同深浅的绿色，用于仿绿珀，从颜色上易于鉴别。近期这类处理品的颜色更加丰富，从黄色一直到棕红色，几乎囊括了琥珀常见的所有颜色，仅靠外观已经无法辨别，只有依靠有能力的珠宝检测实验室，经大型专业仪器测试及成熟的鉴定经验才有望区分。目前，这种热压处理柯巴树脂高居"最真假难辨的琥珀相似品"的榜首。

◎ 各色染色柯巴树脂

◎ 加温加压改色柯巴树脂原料

◎ 各色热压处理柯巴树脂，外观
几可乱真

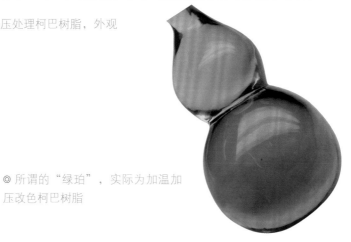

◎ 所谓的"绿珀"，实际为加温加
压改色柯巴树脂

　　利用柯巴树脂仿琥珀的成本很低，但市场上又出现了作为旅游纪念品销售的再造柯巴树脂仿琥珀，颜色多为绿色、蓝色或红色，是将柯巴树脂的碎块或碎屑在适当的温度、压力下压结而成，形成较大块的样品，再做染色或有色覆膜处理等，产生鲜艳的颜色来仿琥珀。这种样品的鉴定特征与再造琥珀的鉴定特征相同，放大检查其内部多混浊，具立体网状的血丝状构造或粒状结构，可见柯巴树脂颗粒及接触面边界。由于颜色多经染色或有色覆膜处理获得，所以颜色分布不均匀，红外光谱检测有时可见染料或有色膜的特征吸收峰。

◎ 仿波罗的海蜜蜡销售的再造柯巴树脂

◎ 加入绿色染料的再造柯巴树脂

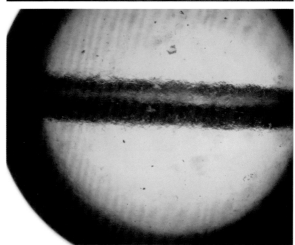

◎ 在长波紫外线下，再造柯巴树脂表面呈现斑杂的荧光色，可见颗粒边界

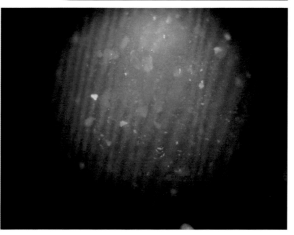

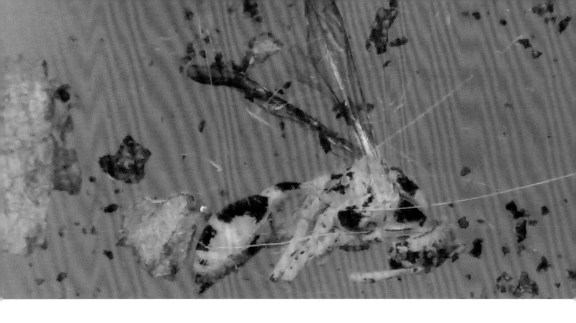

琥珀人工仿制品的鉴定

目前，市场上主要用来仿琥珀的人工树脂材料包括酚醛树脂、醇酸树脂、赛璐珞、丙烯酸酯、环氧树脂、聚苯乙烯等，即俗称的塑料。这些仿琥珀多具有明显的流动构造（即搅动纹路），比较容易区分，有些塑料制品不但能模仿琥珀的颜色，更能模仿出与琥珀原皮相似的假风化皮，使之更为逼真。

这些塑料在颜色、暖感和电学性质上与琥珀十分相似，但折射率和密度都与琥珀有很大区别。塑料一般密度较大，除聚苯乙烯（密度为 $1.05g/cm^3$）在饱和食盐水中漂浮外，其余的几乎全部下沉。但是现在的造假技术更为先进，在液态人工树脂中充入气体，使其内部产生大量密集的微小气泡，凝固后变得半透明或不透明，用来仿蜜蜡，这种仿琥珀的密度变小，在饱和食盐水中也会漂浮。

至于塑料具有可切性，用小刀在样品不显眼部位切割时，会成片剥落；用热针试验，塑料会有各种异味等特征在品评网络十大琥珀鉴定法中已经提过，误判率太高，基本不使用。在实验室中通过红外光谱检测能轻易将所有仿琥珀与琥珀区分开。

前几年用于仿制琥珀的人工树脂（或称塑料）多走的是高冷路线，那些名为"中东蜜蜡""贵族蜜蜡""乌山血丝种蜜蜡""金丝蜜蜡"等的仿琥珀售价奇高。由于这类仿琥珀的仿真系数较低，肉眼易于鉴别，现在已经很少见到。

◎ 仿琥珀手串

◎ 五颜六色的仿琥珀（贵族蜜蜡）

◎ 仿蜜蜡表面裂纹呈红色，为人工加入的致色剂

◎ 仿琥珀的搅动纹路

◎ 仿蓝珀表面特征的搅动纹路

◎ 仿绿珀表面相对平直的搅动纹路

◎ 仿血珀表面可见星点状的闪光，为人工加入的金属亮片

◎ 仿蓝珀在透射光下观察为蓝色

◎ 仿蓝珀在反射光下观察表面呈棕红色

◎ 仿蜜蜡念珠

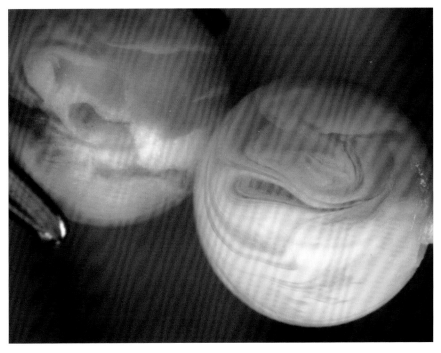

◎ 仿蜜蜡念珠表面特征搅动纹路

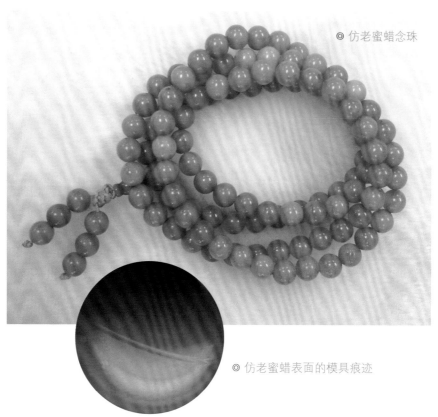

◎ 仿老蜜蜡念珠

◎ 仿老蜜蜡表面的模具痕迹

◎ 各色环氧树脂类仿琥珀

◎ 双色阴刻琥珀，颜色由外向内逐渐变浅，过渡自然

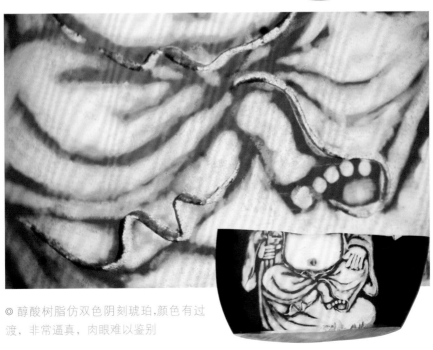

◎ 醇酸树脂仿双色阴刻琥珀,颜色有过渡、非常逼真，肉眼难以鉴别

◎ 人工树脂仿鸡油黄蜜蜡

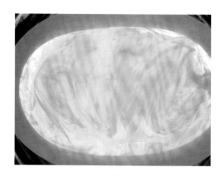

◎ 仿鸡油黄蜜蜡内部搅动纹路

◎ 蜜蜡特征的云雾状或似玛瑙环带的
团块状流动纹路

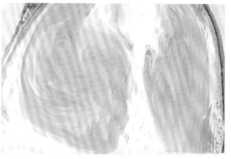

◎ 仿琥珀特征搅动纹路

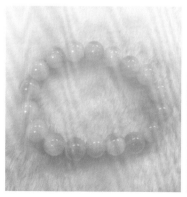

◎ 仿白花蜡

◎ 仿白花蜡的分层搅动纹路

◎ 醇酸树脂仿花珀

◎ 醇酸树脂仿花珀，内部有些鳞片具放射状"叶脉"，比较逼真

◎ 醇酸树脂仿花珀，内部多数鳞片无"叶脉"，呈呆板的亮片状

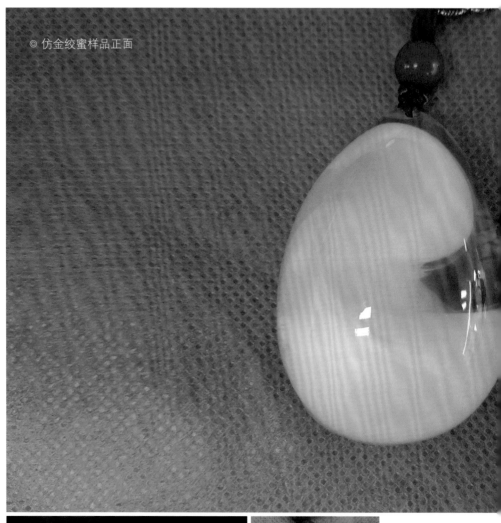

◎ 仿金绞蜜样品正面

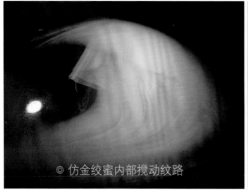

◎ 仿金绞蜜内部搅动纹路

◎ 仿金绞蜜样品背面
的仿氧化原皮，仿真
度较高

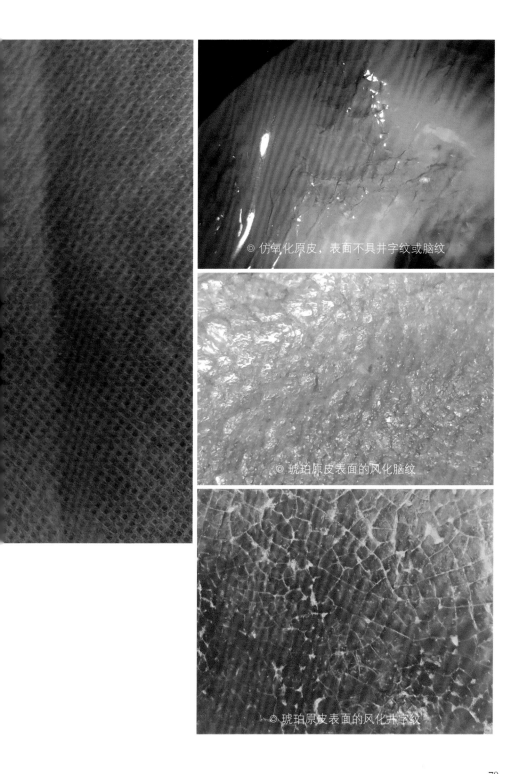

© 仿氧化原皮，表面不具井字纹或脑纹

© 琥珀原皮表面的风化脑纹

© 琥珀原皮表面的风化井字纹

◎ 人工树脂仿虫珀

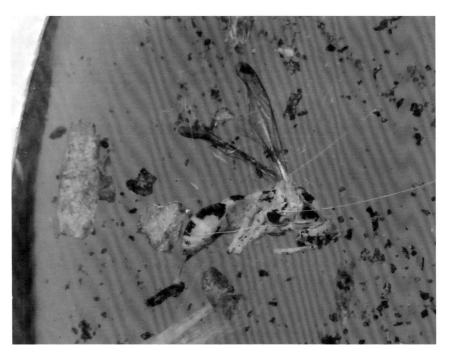

◎ 仿虫珀内部人工放入的现代虫体

2015 年年初出现的"马丽散"，走的是低价亲民路线，以"琥珀原石"的形态，如雨后春笋般出现在各大小城市的文玩市场和地摊上，以每克几元至十几元不等的价格，静候自以为"捡漏"的人。这个新品种的真假问题，一度让众多商家、消费者摸不着头脑，而后成为讨论宣传最多、最火也是最蒙人的仿琥珀。

"马丽散"是一种注浆用人工树脂。采矿工人用高压灌注的方法，将其注入煤层、岩层或混凝土裂缝中，它膨胀（或遇水膨胀）后会把缝隙填满，以达到加固、止漏的目的。因其常以带煤层、岩层等"原石"形态出现，与天然产自煤层中的矿珀非常相似，而被人拿来当琥珀原料进行销售。

虽然这种仿琥珀具有较高的欺骗性，比较蒙人，但只要进入珠宝检测实验室，经红外光谱测试分析，很容易就能将其与琥珀区分开来，使其一切伪装无所遁形。

◎ 带煤层的"马丽散"原料及加工的成品

◎ "马丽散"为一种人工树脂，两侧的黑色物质为煤和黏土的混合物

Chapter 4

优化琥珀的鉴定与定名

天然产出的琥珀多多少少都会存在瑕疵，颜色鲜艳纯正、无杂无裂、质地细腻均匀的完美琥珀几乎不到总产量的五分之一，为了提高琥珀的品质或利用价值，常对琥珀进行优化，如热处理、无色覆膜处理等。在国家标准中，优化是指传统的、被人们广泛接受的、能使珠宝玉石潜在的美显现出来的优化处理方法。所以，经优化的琥珀在定名时，直接使用琥珀这一名称，可在相关质量文件中附注说明具体优化方法。

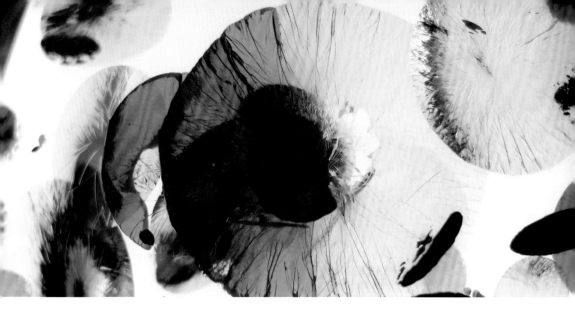

热处理琥珀的鉴定

通过人为控制温度、压力和氧化还原环境，对琥珀进行优化，其目的是改变或改善琥珀的颜色、透明度、硬度、牢固程度或者产生特殊包裹体。

❄ 烤色——改变颜色

模仿琥珀的自然老化过程，加热使琥珀表面氧化，产生深浅不一的棕黄色或棕红色，这种氧化层的厚度一般较琥珀自然老化的氧化层薄。目前常见的是用此种方法来烤制血珀或老蜜蜡。经热处理的琥珀随着烤色颜色的加深，折射率会逐渐变大；在长波紫外线下，其荧光强度会不断降低，直至荧光反应呈惰性；红外光谱测试，部分特征吸收峰的强度比值会发生变化。

◎ 波罗的海烤色血珀

◎ 波罗的海烤色蜜蜡

❈ 爆花——产生特殊包裹体

在一定温压条件下，破坏琥珀中小气泡和小气液的压力平衡，致使气泡或气液包裹体膨胀，产生片状炸裂纹，通常称为"鳞片""睡莲叶"或"太阳光芒"。 放大检查可见"睡莲叶"（鳞片）多具放射状"叶脉"，有时也可见仿琥珀中那种不具放射状"叶脉"的、呆板的圆形亮片，所以不能以此作为鉴别琥珀与仿制品的主要依据。

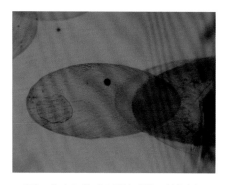

◎ 缅甸琥珀中的"太阳光芒"（鳞片），有放射状的"叶脉"，未经热处理

◎ 波罗的海花珀中的双色"太阳光芒"（金花和红花），有放射状"叶脉"

◎ 爆花效果较差的花珀，样品表面产生大量细小的鳞片，影响了美观

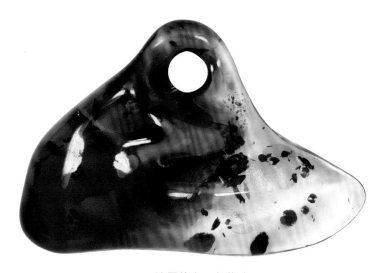

◎ 波罗的海双色花珀

❄ 压固——增强硬度和牢固程度

因树脂凝固时间不同而形成的分层琥珀材料，经热压处理后，可使各分层界面之间重新熔结变牢固。由于琥珀硬度低、性脆，加工时较易裂开，所以现在许多琥珀原石，即使不是分层材料，在切磨前也会做压固处理，以增强琥珀原石的硬度和牢固程度。分层琥珀材料经压固后，内部常可见类似血丝状构造的流动状红褐色纹，注意要与再造琥珀的血丝状构造区分开。

◎ 波罗的海分层琥珀材料

◎ 琥珀分层部分与主体结合不紧密，切磨或雕刻时易碎裂

◎ 经压固的分层琥珀材料

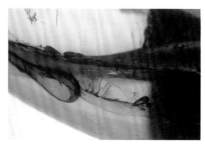

◎ 压固琥珀内部的红褐色纹路，线条流畅自然

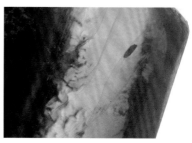

◎ 再造琥珀内部的血丝状构造，红褐色纹路线条生硬，呈闭合状

◎ 在透射光下，压固琥珀内部的流动纹路

◎ 在长波紫外线下，压固琥珀的流动纹路处荧光暗淡

❄ 压清（净化）——变透明

通过控制温度和压力，在还原环境中，可使琥珀内部的琥珀酸及微小气泡逸出，变得澄清透明。即使是云雾状不透明的蜜蜡也能变得完全透明，如果温压条件控制得当，可以使不透明的蜜蜡部分保留在中央，而外围完全透明，形成前几年比较热销的"珍珠珀"或称"珍珠蜜"。

◎ 波罗的海金绞蜜（经压清）

◎ 波罗的海珍珠蜜（经压清）

❄ 水煮（蜜化）——变不透明

琥珀的水煮处理在四五年前就已经出现，彼时技术尚未成熟完满。2015 年经水煮的蜜蜡则以铺天盖地之势席卷了琥珀销售市场，一时间人人在问何为水煮？是否处理？有无伤害？而这一切均源于国人对蜜蜡的推崇、对完美满蜜的不懈追求。随着中国成为世界琥珀消费的主体，各种优化处理技术可以说是针对国人的喜好而发生改变，使得热处理形式由以前的压清反方向演变出水煮工艺。

波罗的海天然产出的琥珀中蜜蜡与透明琥珀的比例接近 1:1，甚至蜜蜡还会稍微多些，但天然蜡质均匀的满蜜几乎不足十分之一，这就意味着在中国市场上有大量透明或透明度不太均匀的琥珀卖不上好价钱。近几年，不仅国外的供货商将大量成品和原石水煮后销售，甚至在国内的琥珀加工厂，水煮技术也已经成为必备工艺，源源不断的水煮蜜蜡流入中国市场。

水煮（蜜化）是将透明的金珀、半透明或透明度不均匀的琥珀放置在液体中加热，使其内部产生气泡或使气泡的分布趋向均匀，透明度发生变化，变成均匀的不透明的蜜蜡，以达到"满蜜"的效果，形成的琥珀产品就是所谓的水煮蜜蜡。其优化后的效果与压清完全相反。

水煮蜜蜡的蜡质多是分布在表面，中间相对透明，给人的视觉效果就是中间较空，不如天然蜜蜡的蜡质细腻饱满醇厚；水煮后的蜜蜡，其原有天然流动纹路多散开呈朦胧状，不如天然蜜蜡的纹路灵动自然；而且如果加工厂技术不过关，水煮后的蜜蜡表面会出现难看的白色水煮斑，所以部分消费者不愿花高价购买"美容"后的产品。

由于消费者不具备区分天然与水煮蜜蜡的能力，而根据目前珠宝玉石名称国家标准，该种方法属于优化，无须在检测结论中注明，所以目前几乎所有的琥珀鉴定证书上均未作说明。这种天然蜜蜡与水煮蜜蜡未区分开的情况，一度影响了蜜蜡的整体销售水平。水煮蜜蜡能否继续走下去，还是像有人说的那样"水煮蜜蜡拉低了整个市场蜜蜡的价格，终将被市场淘汰"，还有待时间的验证。

◎ 水煮琥珀原石

◎ 水煮琥珀原石切
面，中心部分不透
明，内部蜡质（小
气泡）有向外围扩
散的趋势，但效果
较差，并未使蜡质
均匀分布

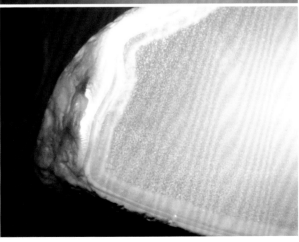

◎ 水煮琥珀原石表面
的白色氧化层和内部
密集分布的气泡

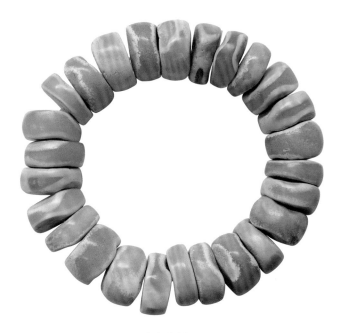

◎ 水煮蜜蜡手串

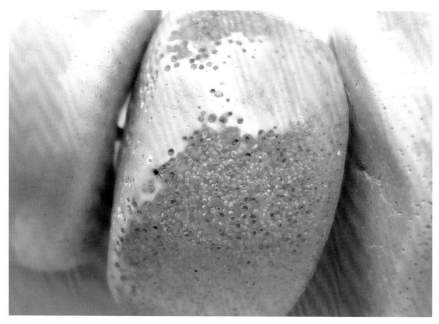

◎ 水煮蜜蜡表面的白色水煮斑（或皮），密集分布的气泡

◎ 水煮蜜蜡挂件，原有的天然纹路界限模糊

◎ 天然蜜蜡挂件，流动纹路清晰自然

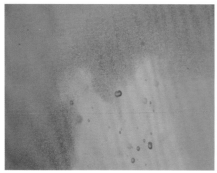

◎ 天然蜜蜡内部的气泡群，
形状浑圆，大小不一

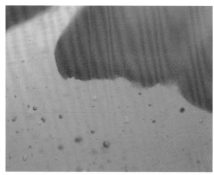

◎ 天然蜜蜡内部流动纹路的
界限清晰自然

◎ 水煮蜜蜡内部的气泡大小均一，
多呈扁圆状或片状

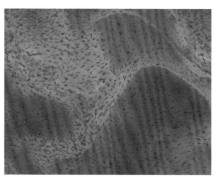

◎ 水煮蜜蜡内部流动纹路
的界限模糊散乱

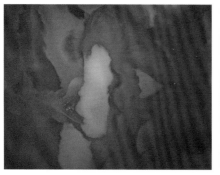

◎ 天然蜜蜡表面白色团块状纹
路，界限清晰

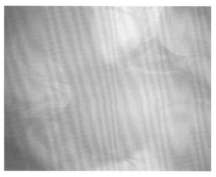

◎ 水煮蜜蜡表面白色水煮斑，
界限模糊

无色覆膜处理琥珀的鉴定

  由于琥珀硬度较低，具有易雕刻、难抛光的特点，所以现在市场上出售的琥珀产品，尤其是琥珀雕件，其表面多覆有一层无色透明的亮光膜，以达到抛光的效果。这种无色膜增强了琥珀的光泽，可达亮树脂或玻璃光泽；同时起到了保护琥珀，防止划伤的作用。

  在琥珀加工厂，这种优化方法对应的工序叫作"喷油"，是将一种无色透明的亮油（应为液态树脂）均匀地喷涂在没有抛光的琥珀表面，可以掩盖一些天然缺陷，降低人工抛光的成本以及损耗，大大缩短了加工周期；当喷涂的无色膜较厚时，还有可能明显增加成品的重量。

  不同厂家选择的喷涂材料多不相同，常见的无色膜成分有三到四种，它们与琥珀表面的结合程度存在差异，有些成分的无色膜较易脱落，会露出内部未抛光的琥珀，使表面凹凸不平，光泽差异很大，影响了琥珀样品的美观。而且这种琥珀也不适合盘玩，因为无色膜使琥珀与空气隔绝开，自身无法氧化，所以不能变色，并形成包浆。

　　无色覆膜琥珀放大检查可见膜层光泽异常，表面凹陷处可见封存有大量气泡；局部可见薄膜脱落现象；折射率可见异常；红外光谱测试能确定膜层的材质。

◎ 表面覆无色透明膜的琥珀雕件

◎ 琥珀表面覆着的无色膜较厚，在雕件凹陷处封存大量气泡

◎ 琥珀表面覆无色透明膜，局部薄膜已经脱
落，造成表面光泽差异

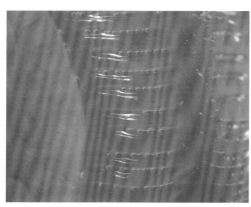

◎ 琥珀局部表面无色膜层较厚，
在凹陷处残留大量气泡

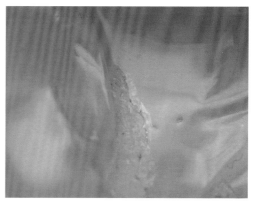

◎ 琥珀表面的无色膜层局部脱
落，露出内部未经抛光的琥珀

在实际的琥珀加工中，为了使琥珀达到最佳的优化效果，往往会在同一件样品上进行多种不同方法的优化处理，如压清后再烤色成鸡油黄珀（金珀中颜色尤为艳丽的一个品种）或血珀、水煮后再烤色成老蜜蜡或水煮加烤色加无色覆膜等。按照国家标准的规定，这种经多重优化的琥珀在定名时，仍可以直接使用琥珀这一名称，可在相关质量文件中附注说明具体优化方法。

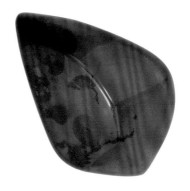

◎ 烤色加爆花琥珀

◎ 压清加烤色琥珀

◎ 水煮加烤色蜜蜡饰品

◎ 水煮烤色蜜蜡由内向外颜色逐渐加深，片状气泡逐渐增加

◎ 水煮蜜蜡经烤色后颜色变深，用作老蜜蜡销售，表面可见密集的细小片状气泡和水煮斑

◎ 烤色琥珀把件，表面覆无色透明膜

◎ 烤色加覆无色膜琥珀把件，样品底部的无色膜局部脱落

Chapter 5

处理琥珀的鉴定与定名

常见的琥珀优化方法往往无法完全改变琥珀原料的诸多缺陷，无法满足人们对特殊颜色琥珀的喜爱，同时也无法满足商人对琥珀材料实现最大利用率或获得最大价值的追求。不可避免地，一些不能被人们接受的，具有一定欺骗性的处理手段开始用于琥珀的加工。如果将优化比喻为人的美容，处理则类似于人的整容。所以，经处理的琥珀在定名时，必须直接在名称中标注"处理"二字或标明具体的处理方法。

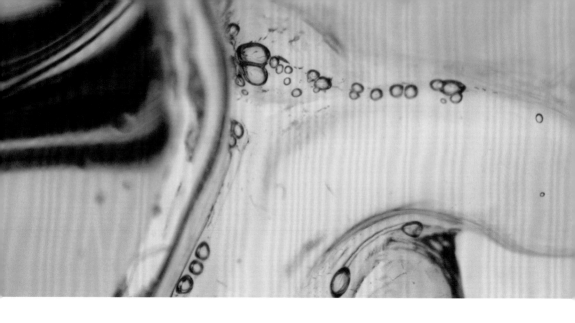

有色覆膜处理琥珀的鉴定

无论是追求美、追求材料的充分利用，还是追求价值的极大提高，作为销售的商品，遵照相关法律要求，依据相关国家标准，准确标注品种名称，充分全面标示人工处理的真实情况，是消费者有信心购买和使用的基本保证，是销售持续成功、市场稳定发展的基本保证。

在国家标准中，处理是指非传统的、尚不被人们广泛接受的优化处理方法。所以，经处理的琥珀在定名时，有以下几种表述方法。

1）琥珀前加具体处理方法，如充填琥珀、染色琥珀；

2）琥珀后加括号注明处理方法，如琥珀（有色覆膜）、琥珀（加温加压改色）；

3）琥珀后加括号注明"处理"二字，如琥珀（处理），应尽量在相关质量文件中附注说明具体处理方法，如：充填处理、染色处理等。

市场上常见的有色覆膜琥珀主要有两种：一种是在底部或局部覆有色

膜，以提高浅色琥珀中"太阳光芒"的立体感或产生双色琥珀；另一种是在琥珀表面整体喷涂一种有色亮光膜，来冒充不同深浅红色的血珀或棕黄色的老蜜蜡等。在琥珀加工厂，这种处理方法对应的工序叫作"喷漆"，也就是想要什么颜色，就喷什么颜色的漆，因其鉴定难度大于染色处理，所以成为琥珀变色的首选，当选为最万能的变色专家。

有色覆膜琥珀放大检查可见颜色分布不均匀，常在裂隙或表面凹陷处富集，有时也会出现表面凹陷处未着色的现象；局部可见薄膜脱落现象，有色膜层与主体琥珀之间无颜色过渡，界限截然（天然琥珀表皮氧化的颜色和琥珀烤色后产生的颜色相对均匀，表层与内部琥珀的颜色多有过渡，比较自然）；覆膜表面有时会留有喷涂的痕迹；红外光谱测试能确定膜层的材质。

◎ 底部覆红色膜琥珀

◎ 琥珀底部覆红色膜，膜层与主体琥珀界限分明，颜色无过渡

◎ 底部覆蓝色膜琥珀

◎ 琥珀底部覆蓝色膜，在透射光下观察，可见蓝色涂层上弥散分布的点状喷涂痕迹，着色不均匀

◎ 底部覆蓝色膜琥珀，局部薄膜脱落

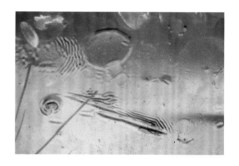

◎ 底部覆蓝色膜琥珀，有色膜喷涂不均匀，局部可见起皱现象

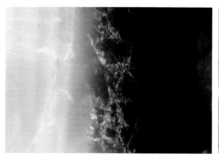

◎ 琥珀原石表皮正常氧化后的颜色过渡

◎ 阴刻烤色血珀雕件表面自然的颜色过渡

◎ 琥珀表面覆棕红色膜仿血珀

◎ 琥珀表面覆棕红色膜，凹陷处未着色

◎ 琥珀表面覆棕红色膜仿血珀，颜色在凹陷处富集，局部薄膜成片脱落，膜层与主体琥珀界限分明，无颜色过渡

◎ 烤色波罗的海血珀

◎ 烤色血珀雕件的凹陷处颜色分布均匀，与主体一致

◎ 烤色血珀雕件的凹陷处局部刷涂棕红色膜

◎ 覆红色膜琥珀，表面颜色分布不均匀，局部可见薄膜脱落

◎ 覆红色膜琥珀，颜色艳丽不自然

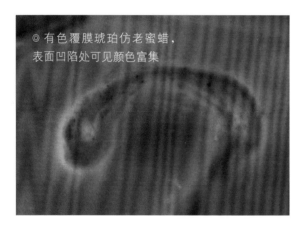

◎ 有色覆膜琥珀仿老蜜蜡，表面凹陷处可见颜色富集

◎ 有色覆膜琥珀仿老蜜蜡

　　鸡油黄琥珀以其浓郁的金黄色调，受到多数消费者的喜爱，卖价较高，所以一种覆黄色膜的假鸡油黄琥珀开始在市场上出现。这种样品与覆无色膜的真鸡油黄琥珀颜色相近，红外光谱特征相同，放大检查时稍有不察，极易放过造成漏检。

　　这种假鸡油黄琥珀主要是在浅黄色琥珀表面覆一层浅黄色－黄色膜，两者的黄色叠加后就会产生明亮的金黄色，就像鸡油的颜色。与仿血珀的棕红色覆膜不同，这种覆膜的颜色与主体琥珀颜色相近，所以不易判断表层覆膜与主体琥珀间是否有颜色过渡。其主要鉴定特征是放大检查时，样品颜色整体分布不均匀，表面凹陷处颜色富集，少数情况下会出现未着色现象，即凹陷处色浅，而未经处理的鸡油黄琥珀颜色均匀一致；在样品打孔处或隐蔽处刮取少量薄膜观察颜色，在白色背景下呈现浅黄色－黄色。

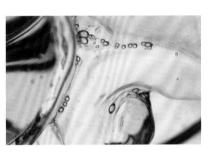

◎ 有色覆膜处理的鸡油黄琥珀，在透射光下观察，颜色分布不均匀

◎ 琥珀表面覆黄色膜仿鸡油黄琥珀，凹陷处可见颜色富集及封存的气泡

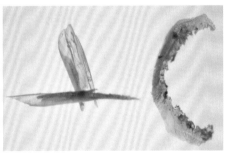

◎ 鸡油黄琥珀表面颜色分布均匀，凹陷处未见颜色富集

◎ 左边为鸡油黄琥珀表面的无色透明膜，右边为假鸡油黄琥珀表面的黄色膜

◎ 有色覆膜琥珀仿鸡油黄琥珀

染色处理琥珀的鉴定

◎ 染色琥珀仿老蜜蜡样品

琥珀经不同染剂浸泡（多伴随加热固色）可染成各种颜色，用以仿冒颜色稀少贵重的琥珀品种，最常见的是染成深棕黄色仿老蜜蜡或染成红色仿血珀，有时还会染成绿色或蓝色，较易鉴别。

放大检查可见颜色分布不均匀，多在裂隙间或表面凹陷处富集；长、短波紫外线下染料可引起特殊荧光；经丙酮或无水乙醇等溶剂擦拭可掉色。

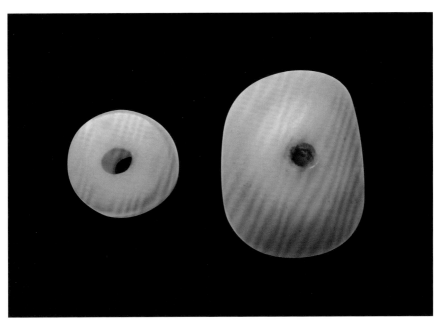

◎ 左边样品为染色琥珀仿老蜜蜡，右边为烤色蜜蜡

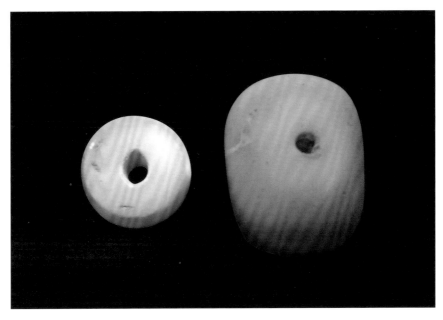

◎ 在长波紫外线下观察，染色琥珀仿老蜜蜡样品的染剂发强亮黄色荧光，烤色蜜蜡样品发弱棕黄色荧光

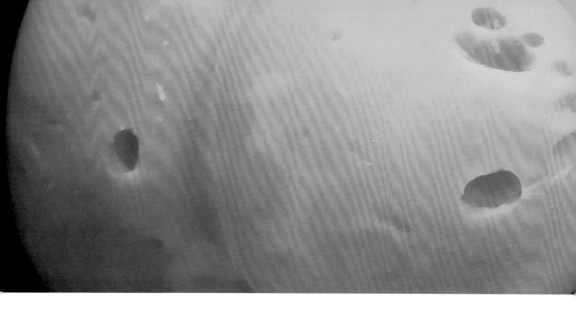

充填处理琥珀的鉴定

　　琥珀在漫长的石化年代中，内部的包裹体，如动物、植物、矿物、空气、水和沙土等，会腐烂或剥离，在原石表面形成孔洞或裂隙，影响其作为一种宝石材料的美观性和耐久性，降低了出品率及价值。因琥珀资源的不可再生性和材料自身的特殊性，大尺寸高质量的琥珀非常稀少。

　　为了最大限度地保留琥珀成品的重量和保持外观的完美，在加工琥珀时，往往会对孔洞或裂隙等缺陷处进行充填，这种充填处理最初多见于大尺寸的手把件和摆件中。近两年，由于琥珀原料价格的不断攀升，原先多孔多裂的小料和碎料也被充分利用起来，加工前一般会先灌胶，进行充填处理，以免加工时开裂，再抛磨成圆珠或雕刻成饰品。虽然在抛磨和雕刻时，会尽量去除充填部分，但为了保留成品的最大尺寸和外观的完美，不可能将充填部分完全去除干净。所以，在日常检测中，小到手串中的圆珠，大到雕刻的手把件和摆件，几乎都可以见到充填处理琥珀，其出现概率远远大于琥珀的相似仿制品及其他类型的处理琥珀。由于充填部位的隐蔽性及充填材料的特殊性，使得鉴定难度大大增加。

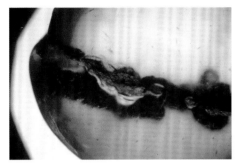 

◎ 波罗的海琥珀中的天然孔洞   ◎ 未经充填的天然孔洞位于饰品侧面，基本不影响美观

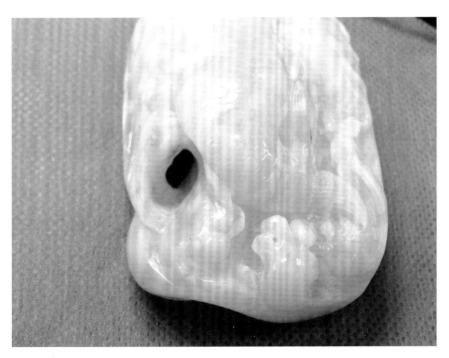

◎ 未经充填的天然孔洞位于饰品正面，多数会被充填，以免影响美观

◎ 经充填处理
的波罗的海蜜
蜡项链

◎ 在长波紫外线下观察，蜜蜡项链上显示多处充填痕迹，
充填物发弱蓝色荧光

常见的充填琥珀有三种类型：第一种是对琥珀表面的小孔洞和裂隙直接用人工树脂进行充填，这种充填琥珀较易鉴别；第二种是先在琥珀表面的大孔洞和裂隙中，填入一块颜色及荧光色与主体琥珀相似的琥珀小料，再用人工树脂对两者间的缝隙进行充填固结，或用人工树脂混合琥珀碎粒充填孔洞，这种充填琥珀具有一定迷惑性，较易漏检；第三种是先用人工树脂对琥珀表面的大孔洞和裂隙进行充填，再在充填处粘贴一块颜色及荧光色与主体琥珀颜色相似的琥珀小料进行掩盖，或粘贴一块带皮的琥珀，冒充样品的原皮，对充填处进行掩盖，即俗称的贴皮琥珀。人们见到带有原皮的琥珀，往往习惯性地将其归于天然，认为它不可能是再造琥珀，也没经过处理，但却往往忽略了所谓原皮的真实性，迷惑性较高，检测难度大大增加。

对应上述的三种充填琥珀类型，在实验室鉴定琥珀时，主要采用放大检查、荧光观察（365nm 长波紫外线下）和红外光谱测试等手段进行分析研究。

1. 放大检查特征

在宝石显微镜下，采用不同放大倍数，配合反射、透射和强光纤灯侧向照明三种光源完成镜下观察。

（1）第一种充填琥珀

样品的充填部分为人工树脂，多低于主体表面，呈下凹状；充填部分的颜色及纹路与主体琥珀有差异，当大量充填时，会出现人工树脂特有的搅动纹路，在两者结合处或充填物内部发现大量气泡。

◎ 经充填的波罗的海虫珀

◎ 延伸至样品内部的天然孔洞被胶充填，内部可见气泡

◎ 样品充填部分与主体琥珀间界限明显，内部可见气泡

◎ 经充填的波罗的海雕件

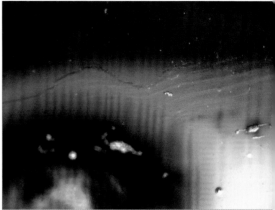

◎ 琥珀的充填部分与主体之间边界清晰，可见平行的波状条纹（雕刻痕迹）及气泡

◎ 经充填的波罗的海金绞蜜饰品

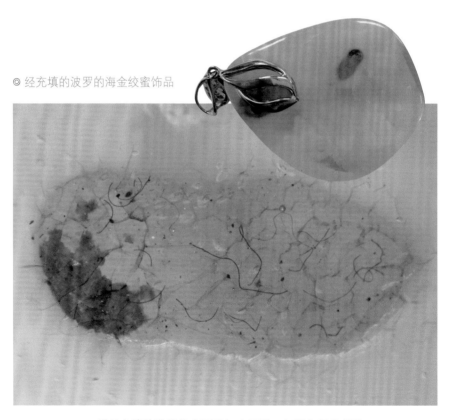

◎ 样品充填的胶状物中可见灰尘及黑、红两色织物纤维

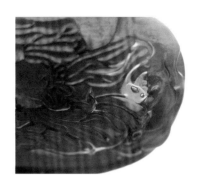

◎ 经充填的波罗的海烤色血珀

◎ 血珀的充填部分颜色浅，可见气泡

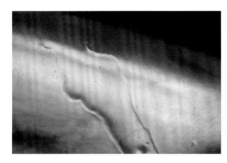

◎ 样品充填部分形状似琥珀中的天然花纹，低于主体表面，呈下凹状

◎ 波罗的海蜜蜡手镯上的充填物

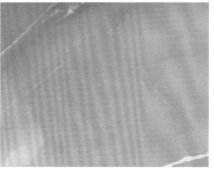

◎ 蜜蜡雕件的充填部分较主体色浅，呈下凹状

◎ 样品充填部分较主体色浅，具人工树脂特有的搅动纹路

(2) 第二种充填琥珀

样品的充填部分为琥珀小料，颗粒边界明显，线条生硬，有时可观察到带一定角度的边界；其颜色与主体琥珀多有差异；纹路与主体琥珀无法贯通衔接，有断续感；在两者结合处的胶结物多低于主体表面，呈下凹状，有时可见气泡。

◎ 样品充填部分为小块琥珀，颗粒边界明显，虽然颜色与主体琥珀颜色相近，但纹路与主体琥珀无法贯通衔接，两者之间呈下凹状的部分为胶结物

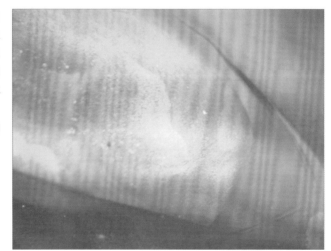

◎ 琥珀表面的团块状天然纹路，颜色与主体琥珀稍有差异，但其纹路与主体琥珀贯通衔接，无明显边界，可与充填琥珀相区别

◎ 样品裂隙中充填了两小块长条状琥珀，与主体琥珀之间存在胶结物和气泡

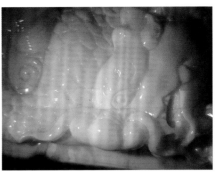

◎ 波罗的海白花蜡表面有贯通整体的长条状天然纹路，形似充填

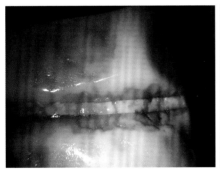

◎ 白花蜡原皮表面的长条状纹路，虽然形似充填，但与原皮其他部位的花纹连贯相通，可确认为天然纹路

◎ 蜜蜡表面的充填物为琥珀颗粒与胶的混合物

◎ 蜜蜡表面有圆形充填物

（3）第三种充填琥珀

样品的充填部分为人工树脂，因为充填物上覆盖有起掩饰作用的琥珀小料或假皮（其他琥珀的原皮，用以冒充样品的原皮），所以无法判断充填部分的材质、大小和深度，上述两种充填琥珀的鉴定特征均不可见。利用强光纤灯侧向照明，放大观察可见假皮与主体琥珀之间的平直界限，黏合处的胶结物及气泡，有时假皮颜色与主体皮色会稍有差异。

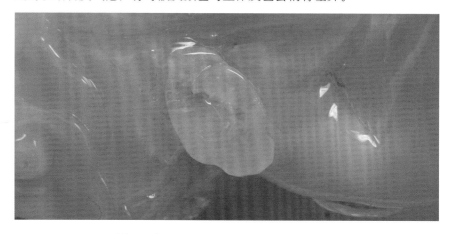

◎ 样品充填部位粘有一块起掩饰作用的片状琥珀

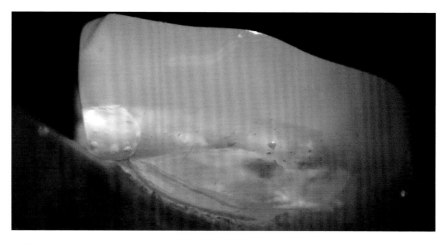

◎ 样品充填处粘有一块雕花的片状琥珀，在透射光下放大观察，可见结合处的胶结物及气泡

◎ 样品充填处粘有一块带皮的琥珀，这块假原皮起到了掩盖充填孔洞的作用，与主体琥珀之间界限明显，可见黏合处的气泡

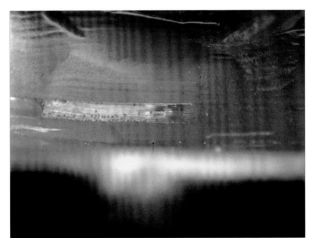

◎ 在样品未经充填的天然孔洞外粘有一块带皮的琥珀，这块假原皮起到了掩盖孔洞的作用

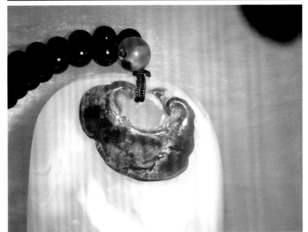

◎ 用于掩盖孔洞的假原皮与主体琥珀之间界限明显，可见黏合处的胶结物

◎ 贴皮琥珀

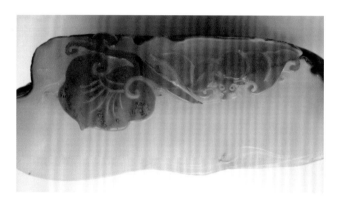

◎ 贴皮琥珀底部，棕黄色原皮为人工粘贴，用于掩盖裂隙

◎ 贴皮琥珀底部有一条大裂隙，未经充填，粘贴的假原皮掩盖了大部分裂隙

2．荧光观察特征

荧光观察是检测充填琥珀的有效辅助手段之一。在 365nm 长波紫外线下，第一种样品充填部分的荧光色多表现为弱的淡蓝色荧光，与主体琥珀的荧光色明显不同，极易区分。

第二种样品充填部分由琥珀小料和胶结物组成，其中胶结物的荧光色也多表现为弱的淡蓝色荧光，与主体琥珀及充填琥珀小料的荧光色明显不同，易于区分，可作为有效的判断依据。而做充填用的琥珀小料的荧光色多与主体琥珀的荧光色相近，不易区分。

第三种样品的充填部分被覆盖，一般无法观察荧光色，而用作覆盖物的材料多无荧光或荧光色与主体琥珀的荧光色相近，不易区分。如果贴皮琥珀未能有效覆盖充填区域，仍有可能观察到充填物荧光色与主体琥珀荧光色不一致的现象。

◎ 经充填的波罗的海金包蜜，正常光线下观察，充填处不明显

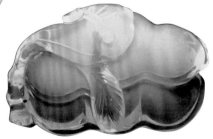

◎ 经充填的波罗的海金包蜜，在长波紫外线下观察，充填处发弱蓝色荧光，与主体琥珀的荧光色存在明显差异

◎ 经充填的波罗的海蜜蜡，在强光源下观察，隐约可见充填物边界

◎ 经充填的波罗的海蜜蜡，在长波紫外线下观察，充填处发弱蓝色荧光，边界清晰，易于鉴别

◎ 经充填的波罗的海多色（或多宝）琥珀手串

◎ 样品表面多处被充填，充填部分凹凸不平，可见细小琥珀颗粒

◎ 样品表面多处被充填，在长波紫外线下，充填部分的胶结物发蓝白色荧光，其间零星分布的细小琥珀颗粒的荧光色与主体琥珀的荧光色一致

◎ 经充填的波罗的海蜜蜡摆件，表面可见两种类型的充填

◎ 第一种充填类型，琥珀表面可见暗色
人工树脂充填物

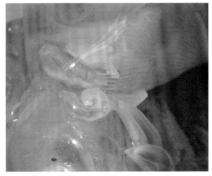

◎ 第二种充填类型，琥珀表面的充填物
为小块琥珀，可见暗色胶结物

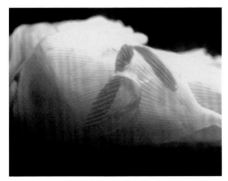

◎ 第一种充填类型，在长波紫外线下，人
工树脂充填物发弱蓝色荧光，主体琥珀发
强蓝白色荧光，两者之间界限明显

◎ 第二种充填类型，在长波紫外线下，
用于充填的小块琥珀边界清晰，与主体
琥珀的荧光色相同，两者之间发弱蓝色
荧光的为胶结物

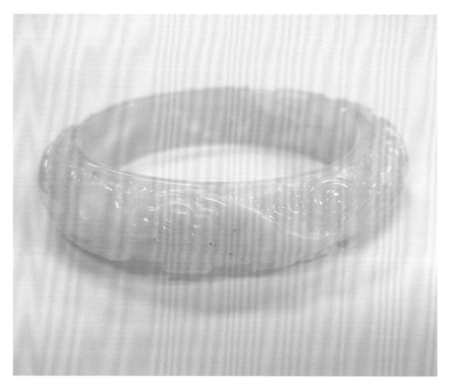

◎ 经充填的波罗的海白花蜡雕花手镯

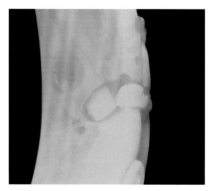

◎ 在长波紫外线下，白花蜡雕花手镯内壁可见两小块琥珀充填物及胶结物

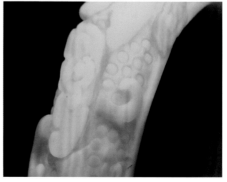

◎ 在长波紫外线下，白花蜡雕花手镯外壁可见大块雕花琥珀充填物及胶结物

◎ 在长波紫外线下，充填的细小琥珀颗粒发不同颜色的荧光

◎ 细小琥珀颗粒混合胶结物充填琥珀的开放裂隙

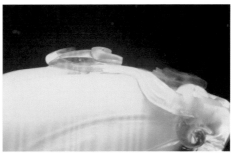

◎ 在正常光下，可见用于掩饰充填的假皮与主体琥珀间平直的界限

◎ 在长波紫外线下，假皮与主体琥珀间平直的界限更加清晰，结合处可见气泡及胶结物的弱蓝色荧光

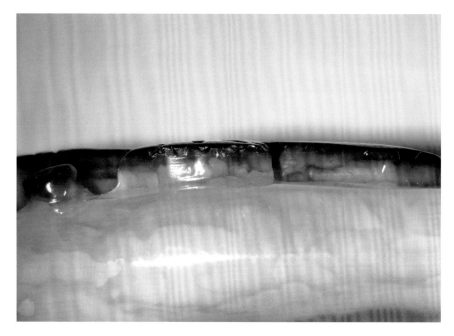

◎ 天然原皮的花纹与主体琥珀连贯相通，无断开

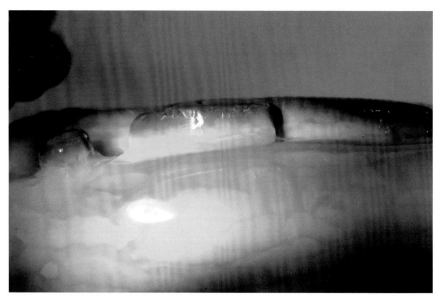

◎ 在长波紫外线下，天然原皮的花纹及荧光色与主体琥珀连贯相同，无断开，无胶结物的荧光

◎ 经充填的波罗的海蜜蜡，正面原皮为真皮

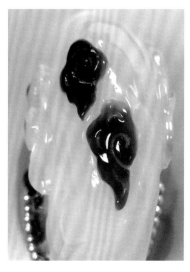

◎ 充填蜜蜡侧面原皮为假皮，用于掩盖充填物

3. 红外光谱特征

琥珀及其充填物的红外光谱检测手段较多，通过分析所得的红外光谱，可准确区分琥珀及其充填物。

综上所述，放大检查是检测充填琥珀的最快速有效的手段，适用于检测所有的充填琥珀类型。荧光观察是检测充填琥珀的有效辅助手段之一，但不适用于检测所有的充填琥珀类型。在样品条件允许的情况下，红外光谱测试是检测充填琥珀的有效手段，能从成分上准确区分琥珀及其充填物，适用于检测所有的充填琥珀类型。放大检查、荧光观察和红外光谱检测三项测试手段综合运用，能够准确判断充填琥珀并区分类型。

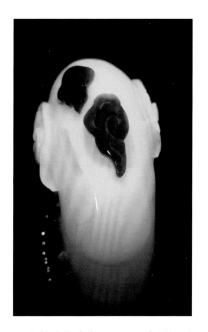

◎ 在长波紫外线下，可见未被掩盖的充填部分荧光与主体琥珀明显不同，界限明显

Chapter 6

人工琥珀制品的
鉴定与定名

人工宝石是指完全或部分由人工生产或制造用作饰品的材料（单纯的金属材料除外），分为合成宝石、人造宝石、拼合宝石和再造宝石。常见的人工琥珀制品包括再造琥珀和拼合琥珀两类。在定名时，再造琥珀直接定名为再造琥珀；拼合琥珀必须在组成材料名称之后加"拼合石"三字或在其前加"拼合"二字，可逐层写出组成材料名称，如"琥珀、塑料拼合石"，也可只写出主要材料名称，如"琥珀拼合石"或"拼合琥珀"。

再造琥珀的鉴定

　　在国家标准中，再造宝石是通过人工手段将天然珠宝玉石的碎块或碎屑熔结或压结成具整体外观的珠宝玉石，有时可辅以少量胶结物质。

　　再造琥珀是将琥珀碎块或碎屑在适当的温度、压力下压结而成，形成较大块的琥珀，亦称为压制琥珀。再造琥珀的历史由来已久，加工处理手段不断翻新。目前市场上常见的再造琥珀主要有两种：一种是由琥珀颗粒直接熔结而成，无外来添加物；另一种是在琥珀颗粒的熔结过程中掺入外来添加物，如起固结作用的人工树脂、柯巴树脂等。

　　如果利用红外光谱能检测到外来物，且加入的添加物种类或数量过多时，不能再将其定名为再造琥珀。如果未加入或加入的添加物较少，利用红外光谱则很难将再造琥珀与天然琥珀区别开，此时主要依靠宝石显微镜、偏光器和紫外荧光灯等常规仪器进行检测。目前很多实验室在再造琥珀的鉴定及正确定名上面临困难，如何行之有效地解决这一问题成为当务之急。

　　前人针对再造琥珀鉴定的研究成果很多，但多局限于早期的再造琥珀，这类再造琥珀的鉴定特征明显，有些甚至肉眼可见，鉴定难度相对较小。而对经过后期处理的近期再造琥珀的鉴定特征则缺乏系统研究。本章在前人研究的基础上使用多种仪器和光源对不同时期再造琥珀的鉴定特征进行系统分析和研究，总结出切实有效的鉴别方法。

◎ 粒状再造琥珀原料

◎ 片状再造琥珀原料

◎ 再造琥珀成品（圆饼状）及加工成的饰品

◎ 再造琥珀半成品呈明显的粒状结构

◎ 在长波紫外线下，再造琥珀呈粒状结构，不同琥珀颗粒的荧光色及荧光强度存在差异

◎ 含胶结物的再造琥珀

◎ 在长波紫外线下，再造琥珀手串呈现不均匀的荧光色，颗粒感明显；同时可见两种胶结物，一种无荧光，另一种发弱蓝色荧光

❋ 早期再造琥珀的鉴定特征

早期传统的再造琥珀，多是由琥珀颗粒直接热压成型，原料接触氧气比较充分，受这种技术影响，成品颜色较深，内部混浊，透明度差，血丝状构造明显，较易鉴别。但在经验较少的情况下，易将其与压固琥珀相混淆。因为树脂滴落及凝固的时间不同，琥珀在形成时会出现分层现象。这种分层琥珀最大的缺点就是脆性大、易碎、难雕刻。所以在加工之前，需要对其进行简单的热处理，使各分层界面之间重新熔结变牢固。这种优化方法的原理与再造琥珀的原理相同，但它们之间有本质上的区别，前者的材料是天然的分层琥珀，后者的材料是琥珀碎块，所以两者不能混为一谈，应仔细加以区别。

1. 放大检查特征

早期再造琥珀的内部混浊，透明度差，具立体网状的血丝状构造，其中红褐色的纹路呈闭合状，线条生硬多带棱角（原颗粒边界）。而压固琥珀内部的红褐色纹路则表现为细密流动状、流畅自然，不闭合。早期再造琥珀有时可见未熔融颗粒及接触面边界，具粒状结构，部分表面可见由于颗粒硬度不同而造成的凹凸不平的颗粒边界。

2. 正交偏光特征

天然琥珀的正交偏光特征表现为局部明亮的蛇带状或波状异常消光。再造琥珀的正交偏光特征表现为消光分区，多呈碎粒状异常消光，界限分明，颗粒感强，有时伴有异常干涉色。再造琥珀颗粒较大时，颗粒内部表现为蛇带状消光；再造琥珀颗粒较小时，表现为扭曲的似糜棱状异常彩色消光。

3. 荧光观察特征

天然琥珀在紫外灯下多呈现均匀一致的荧光色。浅色再造琥珀在紫外荧光灯下多呈现不均匀的荧光色，颗粒感明显。再造琥珀颗粒的边缘轮廓，多与显微镜下观察到的"血丝"分布方向一致。

◎ 再造琥珀挂件，肉眼可见血丝状构造

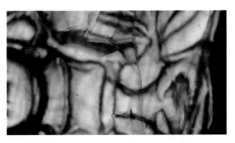

◎ 在透射光下观察，再造琥珀内部的红褐色纹路呈闭合状，线条生硬带棱角（实为琥珀颗粒边界）

◎ 在反射光下观察，再造琥珀表面凹凸不平的颗粒边界

◎ 在正交偏光下观察，再造琥珀挂件上部琥珀颗粒较大，颗粒内部表现为蛇带状消光；下部琥珀颗粒较小，表现为扭曲的似糜棱状异常彩色消光

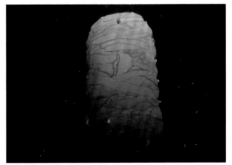

◎ 在长波紫外线下，再造琥珀的荧光呈斑块状

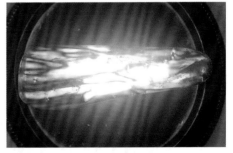

◎ 在正交偏光下观察，琥珀内部常见应力产生的蛇带状异常消光

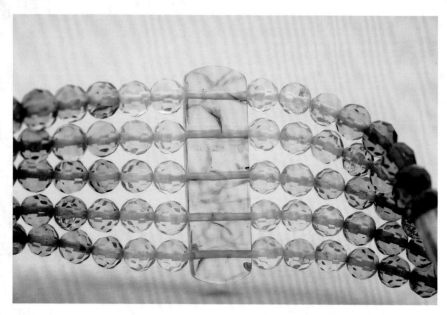

◎ 琥珀手链的主石为再造琥珀

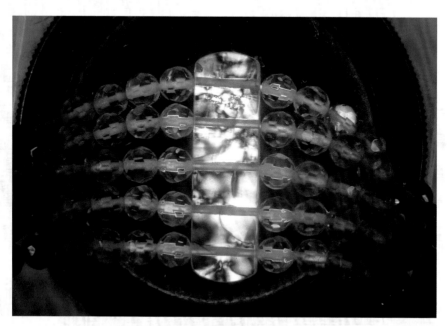

◎ 在正交偏光下观察，再造琥珀消光分区，可见异常干涉色

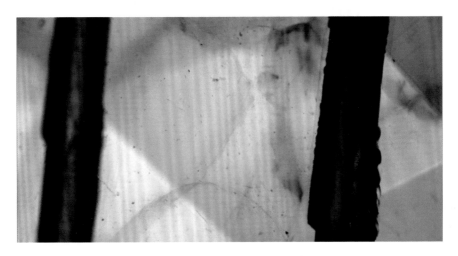

◎ 再造琥珀内部的血丝状构造

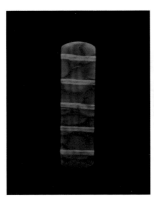

◎ 在长波紫外线下，再造琥珀的荧光呈斑块状

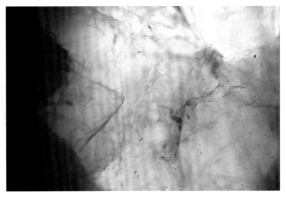

◎ 再造琥珀内部可见带棱角的颗粒边界，但"血丝"浅淡

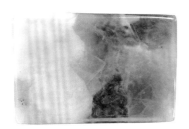

◎ 再造琥珀内部肉眼可见颗粒边界

◎ 在长波紫外线下，再造琥珀的荧光呈斑块状

❄ 近期再造琥珀的鉴定特征

　　随着再造技术水平的提高，近期再造琥珀多在绝氧的还原环境下热压成型，所以成品的"血丝"变浅，多呈断续的闭合状态，高质量的再造琥珀几乎观察不到"血丝"，仅能见到模糊的颗粒边界。同时，生产厂家还经常对再造琥珀进行二次处理，如通过加热产生内部炸裂纹和表面冰裂纹、表面磨砂（未抛光）、表面雕刻繁复花纹、覆有色膜、深度烤色等手段来掩盖内部血丝状构造或颗粒边界，这使得鉴定难度大大增加。有效鉴别这些被称为二代再造琥珀的新品种，主要还是依靠强透射光源照射下样品放大检查中的微细结构差别来实现。

1. 放大检查特征

　　再造琥珀内部起掩饰作用的片状炸裂纹多沿"血丝"（即颗粒边界）分布。

　　在强透射光源照射下，仔细观察深度烤色层下、染色层下、有色覆膜下、冰裂纹下、磨砂面下及雕刻的繁复花纹附近的再造琥珀特征，多可见断续状的闭合"血丝"或局部带棱角的颗粒边界。

　　再造琥珀颗粒较小时，呈细粒状结构，虽无血丝状构造，但可见细小琥珀颗粒沿压制时的压力流动，呈叶脉状分布。

2. 正交偏光特征及荧光观察特征

　　近期的再造琥珀，由于进行了一系列后期处理，掩盖了原有的再造琥珀特征，所以其正交偏光及荧光观察特征均不明显，难以与天然琥珀相区别。

◎ 波兰琥珀展上成柜销售的二代再造琥珀饰品

◎ 二代再造花珀

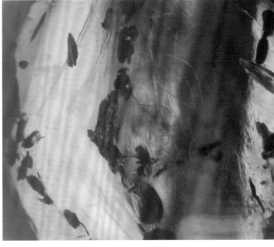

◎ 二代再造花珀，内部可见断续的"血丝"，分布在密集的片状炸裂纹中

◎ 再造琥珀内部，热处理产生的片状裂纹沿"血丝"分布，掩盖再造痕迹

◎ 表面具冰裂纹的再造琥珀，经常用来仿老蜜蜡

◎ 再造琥珀表面冰裂纹掩盖下的颗粒边界

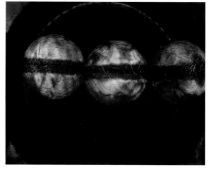

◎ 在正交偏光下观察，再造琥珀的消光
呈粒状，可见异常干涉色

◎ 再造花珀手串

◎ 在长波紫外线下，再造花珀的荧光呈斑块状

◎ 再造花珀内部"血丝"颜色变浅，呈断续闭合状

◎ 再造血珀雕花手串

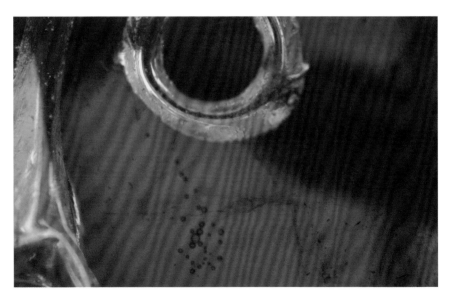

◎ 再造琥珀表面经热处理烤成深棕红色，再雕刻上繁复的花纹来掩盖内部的血丝状构造，给鉴定带来极大的困难。在强光下放大观察，样品光滑面处可见琥珀颗粒边界

◎ 再造琥珀仿白花蜡

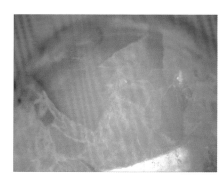

◎ 在强光照射下，再造琥珀表面未见血丝状构造，仅见清晰的颗粒边界

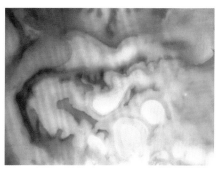

◎ 天然蜜蜡表面云雾状或似玛瑙环带的团块状花纹

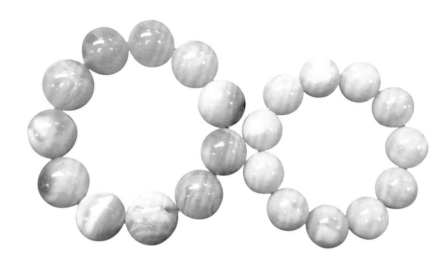

◎ 左边为天然蜜蜡手串，右边为再造蜜蜡手串

◎ 二代再造琥珀仿白花蜡，可见模糊的
琥珀颗粒边界

◎ 蜜蜡天然纹路

◎ 在强光照射下，再造琥珀表面的颗粒
感非常明显

◎ 在长波紫外线下，再造琥珀表面不同
颗粒的荧光色及荧光强度存在差异

◎ 蜜蜡手串中掺杂一颗再造蜜蜡

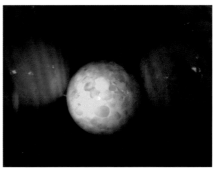

◎ 再造蜜蜡表面可见颗粒边界　　◎ 在长波紫外线下，再造蜜蜡表面不同
　　　　　　　　　　　　　　　颗粒的荧光色及荧光强度明显不同

◎ 二代再造琥珀仿老蜜蜡念珠

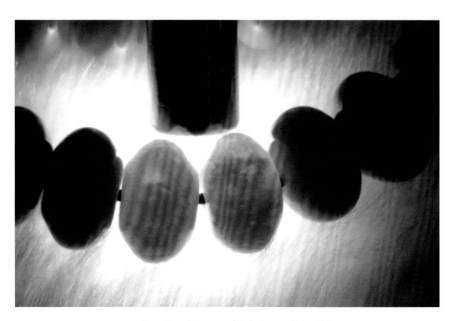

◎ 在强光照射下，再造琥珀呈细粒状结构

◎ 二代再造琥珀仿老蜜蜡手串

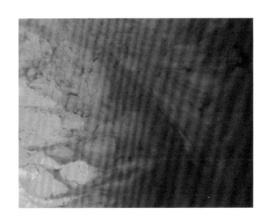

◎ 在强光照射下，再造琥珀内部呈粒状结构，可见细小
琥珀颗粒沿压制时的压力流动，呈叶脉状分布

综上所述，鉴定再造琥珀最行之有效的方法就是在不同光源照射下对
样品进行细致的显微结构观察，再好的再造技术，再高超的掩盖手段，也
终究会留下再造的蛛丝马迹。同时可以观察其正交偏光及荧光观察特征，
作为判断再造琥珀的辅助手段。

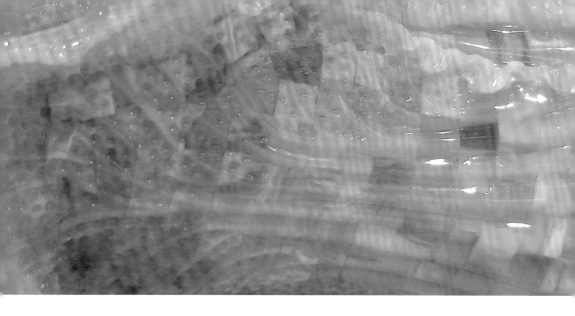

拼合琥珀的鉴定

在国家标准中，拼合宝石是指由两块或两块以上材料经人工拼合而成，且给人以整体印象的珠宝玉石。

早期，拼合琥珀多为大件饰品，仅简单地由两到三块琥珀材料胶结而成。近几年，由于琥珀原料价格的不断攀升，边角碎料被充分利用起来，拼合琥珀也开始在小件饰品中出现；而且为了节省琥珀原料，像手镯一类的大件饰品在制作时，往往会先用人工材料制作一个胎体，然后再在成型的胎体上拼贴上一层薄薄的琥珀。所以，在日常检测中，小到珠串中的一粒珠子，大到一只手镯、手把件或摆件，几乎都可以见到拼合琥珀的身影。

拼合琥珀是由主体材料为琥珀，其他材料为琥珀或人工树脂，经人工拼合而成，且给人以整体印象的大块人工宝石。按照拼合时有无动物胶体（有时也有植物）加入，可分为两类：一类是简单的拼合，无外来动物胶体加入，主要用于造型或增加琥珀饰品的块度；另一类是有动物胶体加入，主要用于产生假虫珀，又称拼合虫珀。

这两类拼合琥珀的鉴定特征有共同点，放大检查拼合处均可见接触面边界、胶和气泡；在长波紫外线下，不同组成部分荧光多不一致，有时可见拼合处胶结物的弱蓝色荧光；经红外光谱测试能确定不同组成部分的材质。

拼合虫珀又因为有动物胶体的加入而具有自身独特的鉴定特征，主要是放大观察虫体自身状态及周围的气泡分布等环境因素。天然虫珀的虫体舒展自然，有挣扎痕迹，有时虫体周围可见残肢；虫体的嘴部、尾部、腹部或身体其他部位可见零星气泡；虫体周围有时可见白色浆状物（即俗称的"牛奶"效应）；虫体内部腐化导致仅余皮壳，呈微透明−半透明状；虫体多位于琥珀的流动纹层面中，虫体较多时，可呈面状分布。拼合虫珀中人为加入的现代虫体完整、蜷曲不自然、无挣扎迹象；虫体不透明，周围存在大量气泡。

◎ 拼合琥珀手串

◎ 在长波紫外线下，拼合琥珀不同部位的荧光色存在很大差异

◎ 在长波紫外线下，可见样品表面的拼合界限，胶结物发强蓝白色荧光

◎ 放大检查可见样品表面的拼合界限及白色胶结物

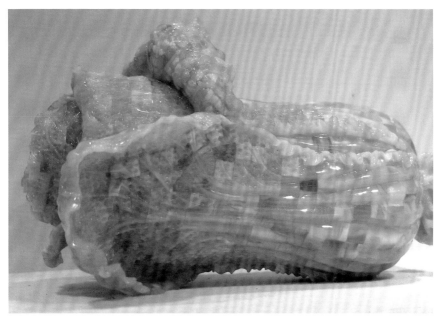

◎ 拼合琥珀白菜摆件

◎ 在长波紫外线下，小块雕花琥珀的荧光色和荧光强度稍有差异，可见平直的拼合界限

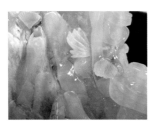

◎ 样品由各种不同形状的雕花琥珀拼接而成

◎ 拼合琥珀摆件

◎ 由两部分拼合而成的蜜蜡摆件，观音与莲座的颜色明显不同

◎ 在长波紫外线下，上下两部分拼合材料的荧光色及荧光强度明显不同

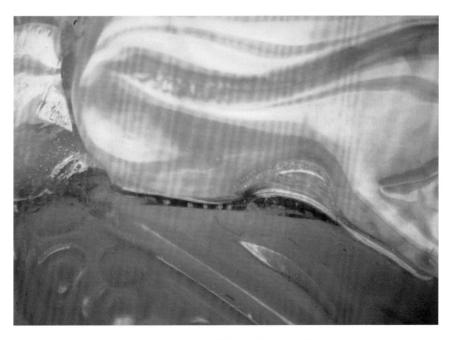

◎ 放大检查可见拼合界限、胶结物及残留的气泡

◎ 由上下两块厚板状琥珀拼合而成的琥珀把件

◎ 放大检查可见样品中部平直的拼合界限

◎ 在长波紫外线下，上下两块琥珀发强蓝白色荧光，中间的胶结物发弱蓝色荧光

◎ 拼合琥珀吊坠

◎ 在透射光下观察，可见平直拼合界限，样品上层为琥珀，下层为人工树脂

◎ 在长波紫外线下，上层琥珀发弱黄色荧光，下层人工树脂发弱蓝色荧光，拼合界限明显

◎ 拼合琥珀挂件，上层为琥珀，下层为人工树脂，为掩盖拼合界限，底部覆有一层
棕红色的膜

◎ 拼合虫珀内有人为放入的小壁虎，用
来仿含蜥蜴的琥珀

◎ 拼合虫珀上层为人工树脂，下层为琥
珀，中间拼合界限明显

◎ 琥珀中的虫体舒展自然，周围有挣扎时遗落的残肢，由于经过压固，虫体周围产生裂隙及氧化红晕，虫体碳化变黑

◎ 波罗的海虫珀中的虫体内部已经腐化，呈半透明状

◎ 拼合琥珀中人为加入的青蛙完整、蜷曲不自然、无挣扎迹象，身体不透明

◎ 拼合琥珀底部为波罗的海琥珀原石

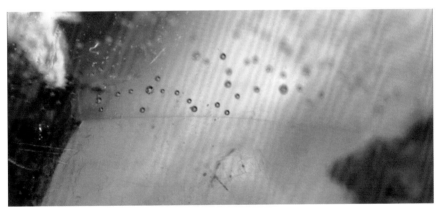

◎ 放大检查可见拼合界限及大量气泡，上层为人工树脂，下层为波罗的海琥珀

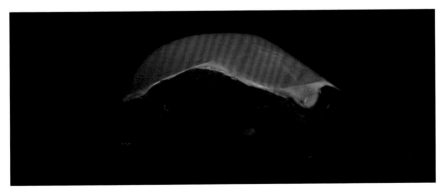

◎ 在长波紫外线下，琥珀与人工树脂的荧光色明显不同，拼合界限明显

Chapter 7

名贵琥珀品种的
鉴定

　　目前市场上热销的几个名贵琥珀
品种有老蜜蜡、鸡油黄琥珀、血珀、蓝
珀、虫珀等。随着这些琥珀品种价格飞
涨，其赝品也在不断更新换代，仿真度
越来越高，鉴定的难度系数呈几何级数
增长。如何鉴定这众多的"李鬼"，已
经成为当务之急。

老蜜蜡

❄ 蜜蜡品种

蜜蜡是琥珀中的一种，半透明－不透明，因其颜色如蜜，光泽似蜡，质地细腻温润而得名。中国古代曾有"千年琥珀，万年蜜蜡"的说法，并非蜜蜡就比琥珀年代更久远，同一矿区出产的琥珀和蜜蜡的形成年代是基本相同的，化学成分上可能稍有差异，所以我们可以将这句话正确理解为琥珀和蜜蜡的形成需要千万年之久。

世界上著名的蜜蜡产地有波罗的海沿岸国家和缅甸。

缅甸琥珀中的根珀虽然属于不透明的琥珀，但是它的不透明是由于含有大量微晶方解石、黄铁矿、石英、长石等矿物包体，所以一般不会将其归为蜜蜡。真正的缅甸蜜蜡指的是浅黄色－褐黄色，颜色整体相对均匀，半透明，质地细腻温润的琥珀，量少价高。

波罗的海蜜蜡的不透明程度与其内部分布的大量微小气泡和琥珀酸的含量有关。琥珀酸含量低于4%时，琥珀是透明的；琥珀酸含量在4%～8%时，琥珀呈半透明的云雾状；琥珀酸含量超过8%时，琥珀完全不透明。现在市场上，将波罗的海蜜蜡按照颜色分为新蜜蜡和老蜜蜡。新蜜蜡泛指浅黄色－黄色的蜜蜡，老蜜蜡泛指颜色较深的棕黄色－棕红色蜜蜡。此处的老蜜蜡与古董行业中"老蜜蜡"的定义不同，古董行业中所说的"老蜜蜡"一般指经过盘玩，表面形成包浆，有风化开片或蝉翼纹的老货，年头久远的又称"古董蜡"。

❋ 老蜜蜡的品种

老蜜蜡按照颜色形成原因不同，可以分为天然老蜜蜡和烤色老蜜蜡。

1. 天然老蜜蜡

波罗的海蜜蜡刚开采出来时多为浅黄色－黄色（即新蜜蜡），暴露在空气中50年左右，颜色会发生明显变化，变为棕黄色，直至最终变为深棕红色。如果经过人为盘玩，颜色会变得更快，在其表面形成深色包浆，年头久远的老货（即古董蜡）上还能看到特征的风化开片或蝉翼纹等。

◎ 新蜜蜡

◎ 老蜜蜡

◎ 古董蜡

2. 烤色老蜜蜡

琥珀自然老化所需时间较长，而中国市场对老蜜蜡的需求很大，所以现在的琥珀加工厂就模仿琥珀的自然老化过程，在常压、低温加热条件下使新蜜蜡表面迅速氧化，产生深浅不一的棕黄色或棕红色，这种氧化层的厚度一般较自然老化的氧化层薄。有些工厂甚至将琥珀水煮后再烤色，形成满蜜的老蜜蜡。

◎ 烤色老蜜蜡

◎ 水煮烤色老蜜蜡

❄ 老蜜蜡与相似品的鉴别

老蜜蜡常见的相似品有人工树脂仿老蜜蜡、热改柯巴树脂仿老蜜蜡、染色琥珀仿老蜜蜡、有色覆膜琥珀仿老蜜蜡、再造琥珀仿老蜜蜡、拼合琥珀仿老蜜蜡等，鉴定特征如表 2 所示。

表 2　老蜜蜡与相似品的鉴定特征

相似品类型 ＼ 鉴定方法	放大检查	荧光观察	红外光谱测试
人工树脂仿老蜜蜡	可见人工树脂特征的搅动纹路，开片生硬不自然	不同成分人工树脂的荧光色多不相同；老蜜蜡多无荧光或荧光较弱	能确定材质为人工树脂
热改柯巴树脂仿老蜜蜡	与老蜜蜡外观非常相似	与老蜜蜡的荧光特征非常相似	能确定材质为柯巴树脂
染色琥珀仿老蜜蜡	颜色分布不均匀，多在裂隙间或表面凹陷处富集；经丙酮或无水乙醇等溶剂擦拭可掉色	长、短波紫外线下染料有时可引起特殊荧光	有时染剂会产生特殊的红外光谱吸收峰
有色覆膜琥珀仿老蜜蜡	颜色分布不均匀，常在裂隙或表面凹陷处富集；局部可见薄膜脱落现象；覆膜表面有时会留有喷涂的痕迹	不同成分膜的荧光色多不相同	能确定膜的材质
再造琥珀仿老蜜蜡	具粒状结构，琥珀颗粒呈流动的叶脉状或大小不一的镶嵌斑块状	有时可见粒状结构，荧光区分	与老蜜蜡基本无差别
拼合琥珀仿老蜜蜡	可见接触面边界、胶和气泡	不同组成部分荧光多不一致，有时可见拼合处胶结物的弱蓝色荧光	能确定不同组成部分的材质

◎ 人工树脂仿老蜜蜡

◎ 染色琥珀仿老蜜蜡

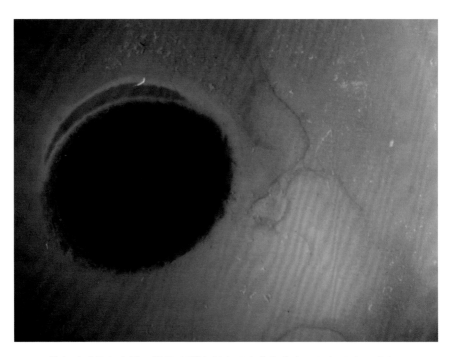

◎ 染色琥珀仿老蜜蜡，样品表面染剂发强亮黄色荧光，颜色分布不均匀

◎ 再造琥珀仿老蜜蜡

◎ 再造琥珀仿老蜜蜡，在强光照射下，样品呈粒状结构，细小的琥珀颗粒随再造时的压力流动分布，呈叶脉状

◎ 拼合琥珀仿老蜜蜡手镯

◎ 覆有色膜琥珀仿老蜜蜡，表面膜层局部脱落

鸡油黄琥珀

❋ 琥珀中的"鸡油黄"

波罗的海出产的琥珀多为明亮鲜艳的黄色系。
在琥珀业界，不同色调和饱和度的黄色琥珀有不同的
名称，常见的有柠檬黄琥珀、鹅黄琥珀和鸡油黄琥珀
等，销售价格随颜色加深而逐渐增高。柠檬黄琥珀是
指颜色黄中微微带白，饱和度较低的琥珀；鹅黄琥珀
的颜色像刚出生的小鹅崽的绒毛颜色，呈明亮的嫩黄
色，饱和度适中；鸡油黄琥珀是指具鲜艳的金黄色，饱
和度高的琥珀，其颜色如厚重鲜亮的鸡油。

© 鸡油黄琥珀

中国市场对鸡油黄琥珀推崇备至，导致其价格居高不下，而天然产出的鸡油黄琥珀实在太少，所以各种处理品和仿制品应运而生。这其中只有热处理（烤色）是国家标准中认可的优化方法，可以正常销售，其他的均需对消费者明示。

最万能的处理方法就是对琥珀进行染色或有色覆膜处理，通俗点说，就是想要什么颜色，就加什么颜色的染剂或喷什么颜色的漆。染色鸡油黄琥珀较易鉴定，而有色覆膜处理的鸡油黄琥珀则较难鉴别，尤其是混在没问题的鸡油黄琥珀中时，实在是真假难辨。这种有色覆膜处理琥珀主要是由浅黄色琥珀做主体，表面覆一层浅黄色－黄色透明膜，两者的黄色叠加后就会产生明亮的金黄色，就像鸡油的颜色。与仿血珀的棕红色覆膜不同，这种覆膜的颜色与主体琥珀颜色相近，所以不易判断表层覆膜与主体琥珀间是否有颜色过渡，极易漏检。

◎ 覆有色膜琥珀仿鸡油黄琥珀

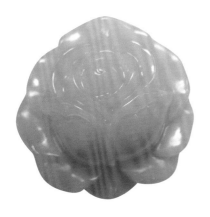

◎ 人工树脂仿鸡油黄蜜蜡

❉ 鸡油黄琥珀与相似品的鉴别

鸡油黄琥珀常见的相似品有人工树脂仿鸡油黄琥珀、染色琥珀仿鸡油黄琥珀、有色覆膜琥珀仿鸡油黄琥珀、再造琥珀仿鸡油黄琥珀等，鉴定特征如表3所示。

表3　鸡油黄琥珀与相似品的鉴定特征

鉴定方法 相似品类型	放大检查	荧光观察	红外光谱测试
人工树脂仿鸡油黄琥珀	有时可见鸡油黄琥珀中不会出现的包体，如植物纤维、点状灰尘等	不同成分人工树脂的荧光色多不相同	能确定材质为人工树脂
染色琥珀仿鸡油黄琥珀	颜色分布不均匀，多在裂隙间或表面凹陷处富集；经丙酮或无水乙醇等溶剂擦拭可掉色	长、短波紫外线下染料有时可引起特殊荧光	有时染剂会产生特殊的红外光谱吸收峰
有色覆膜琥珀仿鸡油黄琥珀	颜色整体分布不均匀，表面凹陷处多可见颜色富集现象；少数情况下会出现未着色现象，凹陷处色浅，而未经处理的正常琥珀样品颜色均匀一致；在样品打孔处或隐蔽处刮取少量薄膜观察颜色，在白色背景下呈现浅黄色－黄色	不同成分膜的荧光色多不相同	能确定膜的材质
再造琥珀仿鸡油黄琥珀(或蜜蜡)	多呈流动的粒状结构，可见颗粒边界	有时可见粒状结构，荧光区分	与鸡油黄琥珀基本无差别

血珀

　　血珀是琥珀中具有如血般艳丽浓郁红色的一个名贵品种，自古以来备受世人喜爱。血珀是在漫长的地质年代中，由浅色琥珀经氧化形成的，氧化层由外向内逐渐形成，直至完全氧化。如果氧化时间较短，则只会形成薄薄的一层棕红色氧化层，经过切磨后就会露出内部的浅色琥珀。

　　世界上著名的血珀产地有缅甸、波罗的海沿岸国家和墨西哥等地。

❋ 血珀品种

1. 缅甸血珀

　　缅甸琥珀形成的地质年代久远，血珀所在的矿层离地表较近，受风化的条件充分，在地层中经过几千万年的氧化，形成的氧化层较厚，部分甚至能从内至外全部变成红色。其中氧化较深，红至发黑者又称瑿珀，在正常光线下用肉眼观察是黑色不透明的琥珀，但在阳光或强光透视下呈现如血般通透的红色。这种漂亮的颜色，使得血珀成为缅甸琥珀中最为昂贵和稀有的品种之一。由于缅甸血珀价格较高，所以近几年市场上也出现了经过烤色的所谓缅甸血珀，仅有浅浅的一层红色氧化皮，多由缅甸金珀或棕红珀经热处理而成。

由于血珀氧化程度较高，表面随着空气中温湿度的变化，易产生不同程度的风化纹路，称为龟裂纹或冰裂纹，尤其是北方比较干燥，更容易产生这种纹路，成为缅甸血珀常见的外貌特征。为防止开裂，可以在血珀表面涂抹婴儿油或橄榄油等进行保养，但最好的保养方式是经常佩戴，人体产生的油脂可以很好地滋养血珀。

◎ 缅甸血珀

2．波罗的海血珀

绝大多数开采出来的波罗的海琥珀原石仅有表皮是棕黄色－深棕红色，内部仍是黄色。琥珀暴露在空气中，会被自然氧化，逐步改变自身的颜色，可由黄色变为棕黄、棕红色，直至深棕红色，成为血珀。但这一过程非常漫长，需要 50 年左右的时间，经常被盘玩的琥珀，则较易变色。为了在短时间内获得血珀，加工厂会对琥珀进行热处理，人为加快表面的氧化速度，将其烤成血珀。现在市场上大量销售的波罗的海血珀基本都是经过热处理（烤色）获得的。

◎ 波罗的海烤色血珀手串

3．墨西哥血珀

墨西哥出产带棕红色氧化皮的琥珀，内部为黄色－棕黄色，且具蓝绿色或绿蓝色荧光，所以在商业销售中多将其称为红皮蓝珀或红皮绿珀，一般多归为蓝珀进行销售。

无论是波罗的海血珀、缅甸血珀，还是墨西哥血珀，均由浅色琥珀氧化而成，尽管氧化层的厚度不同，但都可以称为血珀。

◎ 墨西哥红皮蓝绿珀

❄ 血珀与相似品的鉴别

血珀常见的相似品有人工树脂仿血珀、热改柯巴树脂仿血珀、染色琥珀仿血珀、有色覆膜琥珀仿血珀、再造琥珀仿血珀等，鉴定特征如表 4 所示。

表 4　血珀与相似品的鉴定特征

鉴定方法　　　　　　　相似品类型	放大检查	荧光观察	红外光谱测试
人工树脂仿血珀	有时可见血珀中不会出现的包体，如织物纤维等	不同成分人工树脂的荧光色多不相同；血珀多无荧光或荧光较弱	能确定材质为人工树脂
热改柯巴树脂仿血珀	与血珀的外观非常相似	与血珀的荧光特征非常相似	能确定材质为柯巴树脂
染色琥珀仿血珀	颜色分布不均匀，多在裂隙间或表面凹陷处富集；经丙酮或无水乙醇等溶剂擦拭可掉色	长、短波紫外线下染料有时可引起特殊荧光	有时染剂会产生特殊的红外光谱吸收峰
有色覆膜琥珀仿血珀	颜色分布不均匀，常在裂隙或表面凹陷处富集，有时也会出现表面凹陷处未着色的现象；局部可见薄膜脱落现象，有色膜层与主体琥珀之间无颜色过渡，界限截然；覆膜表面有时会留有喷涂的痕迹	不同成分膜的荧光色多不相同	能确定膜的材质
再造琥珀仿血珀	多具血丝状构造；或具粒状结构，可见颗粒边界；如有片状炸裂纹，则多沿"血丝"分布	与血珀基本无差别	与血珀基本无差别

◎ 热处理柯巴树脂仿血珀

◎ 染色琥珀仿血珀，刮下的表层琥珀粉末为红色，内部未经染色的琥珀粉末为白色

◎ 人工树脂仿血珀

◎ 再造琥珀仿血珀

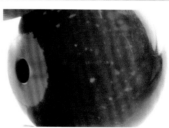

◎ 覆有色膜琥珀仿血珀，表面膜层局部脱落

◎ 在强光照射下，再造琥珀仿血珀的内部呈粒状结构

蓝珀

蓝珀并非正常意义上体色为蓝色的琥珀，而是指透视观察体色为黄、棕黄、黄绿和棕红等色，在含有紫外线的光线照射下呈现独特的不同色调蓝色荧光的琥珀。

琥珀内部含有一些荧光物质，太阳光或自然光中含有紫外线，照射在这种琥珀表面，激发出蓝色荧光。在黑色背景中，由于无光线透过琥珀，观察不到琥珀的体色，所以人眼能观察到明显的蓝色，这其实是琥珀表面的荧光色。蓝珀在高温下或长时间搁置在空气中，表面也会氧化，蓝色荧光会减弱，所以在不佩戴时，应尽量清洁后密封保存。

世界上著名的蓝珀产地有多米尼加、墨西哥和缅甸。

❋ 蓝珀品种

1.多米尼加蓝珀

多米尼加蓝珀是由豆科类植物的树脂石化而成，透明度好，体色为黄色－棕黄色，在含有紫外线的光线照射下，发天蓝、紫蓝或绿蓝色荧光。其中尤以著名的"天空蓝"蓝珀价值最高。由于价格飙升过快，同老蜜蜡一样，多米尼加蓝珀成为目前琥珀市场中赝品最多的品种之一。

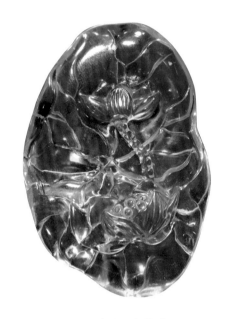

◎ 多米尼加蓝珀

2.墨西哥蓝珀

墨西哥蓝珀与多米尼加蓝珀形成的树种及地质年代非常相似，净度高，透明度好，在含有紫外线的光线照射下，发绿蓝色或蓝绿色荧光。墨西哥的净水级"高蓝"蓝珀和蓝绿珀与多米尼加的"天空蓝"蓝珀和绿蓝珀，外观上非常相似，很难区别，所以在很长一段时间内，墨西哥蓝珀被冠以多米尼加蓝珀的身份销售。

◎ 左边为多米尼加蓝珀，右边为墨西哥蓝珀

墨西哥还出产一种红皮蓝珀，也有人称红皮绿珀，是带棕红色氧化皮的琥珀，新鲜面呈黄色－棕黄色，具蓝绿色荧光。这一品种的琥珀在同一珀体上可以同时出现血珀和蓝珀的外观特征，非常独特，近两年商家开始热炒，价格上涨迅速。

◎ 墨西哥红皮蓝（绿）珀原石

3. 缅甸蓝珀

缅甸蓝珀是由杉科类植物的树脂石化而成，由于石化年龄较长，硬度高，透明度较好，主要为褐黄色，在含有紫外线的光线照射下，发绿蓝色或紫蓝色荧光，又称缅甸金蓝珀。有些商家将具有紫蓝色荧光的棕红珀也归为蓝珀范畴，称紫罗兰珀。

多米尼加蓝珀的蓝色纯正迷人，其中"天空蓝"蓝珀是同品级蓝珀品种中售价最高的，所以很多商家以较低价位的缅甸紫罗兰珀、缅甸金蓝珀和墨西哥蓝珀冒充多米尼加蓝珀进行销售。随着各产地蓝珀价格的上涨，更多的不法商家甚至开始用具

◎ 缅甸金蓝珀

◎ 缅甸紫罗兰珀

有紫蓝色荧光的马来西亚婆罗洲柯巴树脂或具有强蓝荧光的人工树脂等仿制品作为蓝珀销售，以牟取暴利。虽然不同产地的蓝珀及其仿制品的外观特征有时非常相似，肉眼难以区分，但在珠宝检测实验室利用大型仪器测试能够对其进行准确的区分。

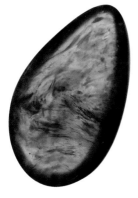

◎ 马来西亚婆罗洲柯巴树脂

◎ 在长波紫外线下，马来西亚婆罗洲柯巴树脂发强紫蓝色荧光

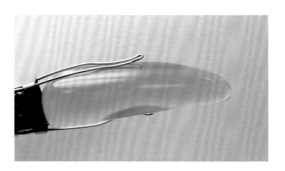

◎ 人工树脂仿蓝珀，外观相似度极高

◎ 染色柯巴树脂仿蓝珀

◎ 人工树脂仿蓝珀，透光看是蓝色，反射光下表面呈棕红色

❄ 蓝珀与相似品的鉴别

　　蓝珀常见的相似品有人工树脂仿蓝珀、马来西亚婆罗洲柯巴树脂仿蓝珀、再造蓝珀等。市场上销售的体色为蓝色的所谓"蓝珀"制品主要是蓝色人工树脂仿蓝珀、染色或有色覆膜处理柯巴树脂仿蓝珀、染色或有色覆膜处理琥珀仿蓝珀等，鉴定特征如表 5 所示。

表 5　蓝珀与相似品的鉴定特征

鉴定方法 相似品类型	放大检查	荧光观察	红外光谱测试
人工树脂仿蓝珀	体色为黄色－棕黄色，有时可见蓝珀中不会出现的包体，如织物纤维、灰尘等	人工树脂的荧光多且较蓝珀荧光强	能确定材质为人工树脂
马来西亚婆罗洲柯巴树脂仿蓝珀	体色为黄色－深棕红色；手搓发黏，用力时会在表面留下指纹	多具紫蓝色荧光	能确定材质为柯巴树脂
再造蓝珀	具粒状结构，可见颗粒边界	荧光斑驳，可见颗粒边界	与蓝珀基本无差别
蓝色人工树脂仿蓝珀	体色为蓝色，有时可见蓝珀中不会出现的包体，如织物纤维、灰尘等	荧光色多与蓝珀不同	能确定材质为人工树脂
染色或有色覆膜处理柯巴树脂仿蓝珀	体色为蓝色，颜色分布不均匀，多在裂隙间或表面凹陷处富集；覆膜者局部可见薄膜脱落现象，有色膜层与主体琥珀之间无颜色过渡	荧光色多与蓝珀不同	能确定材质为柯巴树脂；能确定膜的材质；有时染剂会产生特殊的红外光谱吸收峰
染色或有色覆膜处理琥珀仿蓝珀	体色为蓝色，颜色分布不均匀，多在裂隙间或表面凹陷处富集；覆膜者局部可见薄膜脱落现象，有色膜层与主体琥珀之间无颜色过渡	荧光色多与蓝珀不同	能确定材质为琥珀；能确定膜的材质；有时染剂会产生特殊的红外光谱吸收峰

虫珀

    琥珀是几千万年至上亿年前的植物树脂石化而成的珍贵有机宝石。液态的柯巴树脂在滴落时会包裹大量包裹体，如动物、植物、矿物、空气、水和沙土等，其中含有动物包体的虫珀具有极大的收藏和科学研究价值。随着琥珀市场的升温，虫珀的价格也一路飙升，各种虫珀的处理品、仿制品层出不穷，造假手段日趋高超，使得鉴定难度大大增加，这对各珠宝检测机构的鉴定水平是一个极大的挑战。

    目前，市场上常见的虫珀及其相关制品主要包括不同产地的虫珀、柯巴树脂（含虫）、拼合琥珀（含现代虫体）、拼合柯巴树脂（含现代虫体）、仿虫珀（含现代虫体）这五大类。现在产销量较大的琥珀主要来自波罗的海沿岸、加勒比海沿岸和缅甸，这三大产地的琥珀中都出产虫珀。从生物学角度来看，这三大产地虫珀在物种和年代上可能存在很大差别，但在宝石检测领域，主要从虫珀的宝石学鉴定特征入手，对上述五种类型样品分别采用放大检查、荧光观察和红外光谱测试等手段进行分析研究。

1. 放大检查特征

（1）不同产地虫珀的放大检查特征

收集到的虫珀样品虽然来自不同产地，但在显微镜下的鉴定特征却极为相似，内容如下。

1）虫体舒展自然，有挣扎痕迹。

鲜活的虫子体态舒展，在被树脂滴落包裹后，会有短暂的挣扎，激烈的动作会导致肢体脱落，所以琥珀中的虫体附近常可见挣扎时留下的残肢。

2）虫体周围可见零星气泡或"牛奶"效应。

琥珀中虫体的嘴部和尾部常可见一个小气泡，可能是其生命结束时排出的最后气体；虫体内部组织分解、腐烂，产生的气体或液体由嘴、尾部、腹部或身体其他部位释放出来，也会形成气泡或小的气液包体。这些分泌物有时会与周围的液态树脂或体外的真菌发生反应，可以在昆虫体外形成白色乳液或白色浆状物，这些微小的气泡组成的泡沫状结构将昆虫包裹起来，如置身白色云雾之中，有人将其称为"牛奶"效应，有时在植物包裹体周围也会出现这种效应。

 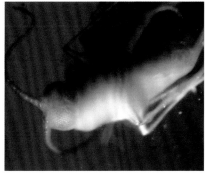

◎ 缅甸虫珀，虫体中空的头腹部在琥珀表　◎ 缅甸虫珀，虫体周围的"牛奶"效应
面产生空洞

3）虫体的皮壳透明化。

由于年代久远，虫体内部腐化导致仅余皮壳，呈微透明－半透明状，琥珀切磨时稍有不慎，虫体中空的头腹部就会在琥珀表面产生空洞。

4）虫体多位于琥珀内部流动纹层中。

液态树脂不定时的滴落会形成分层琥珀，虫体多位于琥珀的流动纹层面中，虫体较多时，可呈面状分布。

◎ 缅甸虫珀，网眼甲虫的虫体周围有零星气泡

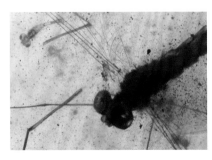

◎ 缅甸虫珀，蜻蜓的虫体舒展，周围有挣扎时遗落的残肢

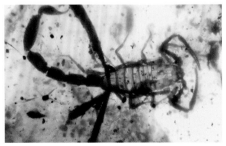

◎ 缅甸虫珀，蝎子虫体内部组织分解、腐烂，呈半透明状

（2）柯巴树脂（含虫）的放大检查特征

柯巴树脂与琥珀成因相似，仅仅是石化年龄较短，所以含虫柯巴树脂的虫体鉴定特征与虫珀相似。此处仅描述差异部分，内容如下：

1）虫体多见密集的层面状分布。

2）加热后的虫体多遭破坏，有碳化和红晕现象。

柯巴树脂由于石化年代不够，红外光谱测试可以很容易将其与琥珀区分开。为了加大鉴别难度，加工厂会对柯巴树脂进行热压处理，提高其成熟度。这种处理方法虽然使红外光谱测试的难度加大，但却严重损坏了柯巴树脂中的虫体，常可见虫体破碎、碳化现象，周围可见氧化造成的红色晕圈。

◎ 柯巴树脂（含虫），虫体密集呈面状分布

◎ 柯巴树脂（含虫），受热压后虫体碳化，周围有红色氧化晕

（3）拼合琥珀（含现代虫体）的放大检查特征

由于天然虫珀珍贵，含大个虫体和稀有虫体的虫珀更是可遇而不可求，所以一些不法分子开始造假，生产出各种稀缺品种的拼合琥珀（含现代虫体），且拼合技术日趋高超，鉴定难度大大提高。这种人工制品是对琥珀、昆虫、人工树脂这三者不同形式的拼合，虽然鉴定难易程度不同，但鉴定特征基本相同，现总结如下。

1）人为加入的现代虫体完整、蜷曲不自然、无挣扎迹象；虫体不透明，周围存在大量气泡。

2）无论拼合的手段高明与否，仔细观察均可见琥珀与人工树脂这两种拼合材料之间的拼合界限，多存在大量气泡。

◎ 样品可见拼合缝及周围存在的大量气泡，上层为人工树脂，下层为波罗的海琥珀

◎ 拼合琥珀，现代虫体完整，无挣扎迹象，身体不透明

◎ 拼合琥珀，上部的虫体是琥珀中的真虫，下部的虫体是后加入的现代虫体，鉴定难度较大

◎ 拼合琥珀中加入的现代虫体形态完整、蜷曲不自然、无挣扎迹象，身体不透明，周围有大量气泡

（4）拼合柯巴树脂（含现代虫体）的放大检查特征

由于琥珀原材料价格上涨，有些商家开始用柯巴树脂代替琥珀，人为加入现代虫体，再覆盖一层人工树脂，来制成拼合柯巴树脂（含现代虫体），其鉴定特征与拼合琥珀（含现代虫体）相似。

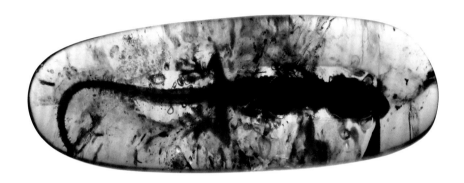

◎ 拼合柯巴树脂（含现代虫体），是将柯巴树脂掏出一个大孔洞，加入小壁虎，再灌注人工树脂封闭成型，用以仿含蜥蜴的虫珀。在透射光下，可见椭圆形的原空洞痕迹

◎ 放大观察可见柯巴树脂和人工树脂的拼合界限

◎ 样品上层加入的小壁虎周围分布有密集的气泡，下层虫体呈半透明状，是柯巴树脂中的真虫

（5）仿虫珀（含现代虫体）的放大检查特征

目前市场上最常见的仿虫珀是在人工树脂里放入现代捕获的昆虫，这类仿品一般造假手段拙劣，较易识别。其鉴定特征与所有后期人为加入的现代虫体相似：虫体完整、蜷曲不自然、无挣扎迹象；虫体不透明，周围存在大量气泡。

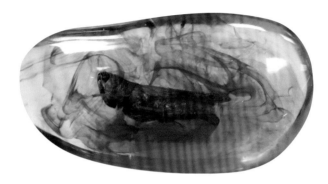

◎ 人工树脂仿虫珀，加入的现代虫体完整、蜷曲不自然、无挣扎迹象；虫体不透明，周围存在大量气泡

此外，我们在检测过程中，还发现一种较具迷惑性的仿虫珀，鉴定难度极大。这件琥珀项链，以波罗的海金珀为主，左起两粒大圆珠为虫珀，最右边一粒虫珀的外观似再造琥珀，仔细观察后发现虫体也是后期植入并灌入环氧树脂封口，是目前发现的一种新型仿虫珀形式。

◎ 波罗的海琥珀项链中混有一粒仿虫珀（右下大粒圆球状样品）

◎ 样品由两部分组成，外层为再造琥珀，内层为环氧树脂（圆圈内），中间的昆虫为人为加入的现代虫体

2．荧光观察特征

荧光观察是检测拼合琥珀（含现代虫体）的有效辅助手段之一。在长波紫外线下，拼合琥珀使用的人工树脂材料的荧光色多表现为弱的淡蓝色荧光，与琥珀材料的荧光色明显不同，极易区分。

（1）红外光谱检测特征

通过红外光谱测试，可准确区分不同产地的琥珀、柯巴树脂和拼合琥珀、仿琥珀使用的人工树脂材料。

综上所述，放大检查是检测虫珀最快速有效的手段，适用于检测所有的虫珀及其相关制品类型。荧光观察是检测拼合琥珀（含现代虫体）等样品的有效辅助手段之一，但不适用于检测所有类型。在样品条件允许的情况下，红外光谱检测是鉴别虫珀及其相关制品的有效手段，能从成分上准确区分不同产地的琥珀、柯巴树脂及拼合使用的人工树脂材料，适用于检测所有的样品类型。放大检查、荧光观察和红外光谱检测三项测试手段综合运用，能够准确判断虫珀及其相关制品的类型。

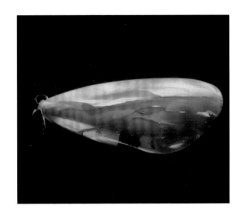

◎ 在长波紫外线下，琥珀与人工树脂的荧光色明显不同，拼合界限明显

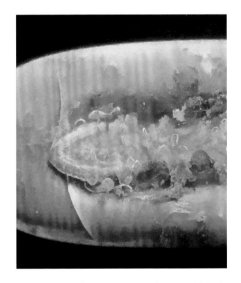

◎ 在长波紫外线下，柯巴树脂呈强蓝白色荧光，人工树脂呈弱蓝白色荧光，拼合界限明显

Chapter 8

如何看懂琥珀证书

　　前面品评了网络上盛传的十大琥珀鉴定法，也介绍了科学鉴定琥珀的方法。在缺乏专业的鉴定仪器和系统的鉴定知识条件下，非专业人士在非正规市场进行淘宝的风险很大。作为消费者，最简单有效的保护自己的方法，就是在正规商场购买自己喜爱的琥珀饰品，并在购买时索要相应的鉴定证书，同时认准证书、看懂证书、会查证书，来维护我们自身的合法权益。

目前市场上常见的与琥珀相关的鉴定证书类型有六种，现以国家珠宝玉石质量监督检验中心（**NGTC**）的琥珀证书模板为例分别进行介绍。

❋ 证书类型一：琥珀

如果证书检验结论这一栏出示的是琥珀，证明该样品为天然琥珀，未经任何人工处理。备注一栏有时会注明样品的优化方法，如表面覆无色透明膜等。这些优化方法已经被人们广泛接受，能使琥珀潜在的美显示出来，仍属正常范畴，消费者可放心购买和佩戴。

◎ 琥珀的鉴定证书

❋ 证书类型二：琥珀（处理）

如果证书检验结论这一栏出示的是琥珀（处理），证明该样品材质为琥珀，但经过了非传统的、尚不被人们广泛接受的人工处理方法。《GB/T

16552-2010 珠宝玉石名称》表 B.1 中列出的处理方法有染色处理、覆膜处理和充填处理等。备注一栏中会注明具体的处理方法，以供消费者了解该琥珀的处理状态。

◎ 处理琥珀的鉴定证书

❈ 证书类型三：再造琥珀

如果证书检验结论这一栏出示的是再造琥珀，证明该样品的组成材料为琥珀，但是通过人工手段将天然琥珀的碎块或碎屑熔结或压结成具有整体外观的琥珀饰品，即俗称的压制琥珀，属于人工宝石的范畴。放大检查一栏会相应注明其特征的内部结构，如"见颗粒边界"和"血丝状构造"等。

◎ 再造琥珀的鉴定证书

❈ 证书类型四：拼合琥珀

如果证书检验结论这一栏出示的是拼合琥珀，证明该样品的主要组成材料为琥珀，但是由两块或两块以上材料经人工拼合而成，且给人以整体印象的琥珀饰品，属于人工宝石的范畴。放大检查一栏会相应注明其特征的内部结构，如"见拼合痕迹"等。

◎ 拼合琥珀的鉴定证书

❈ 证书类型五：天然树脂/柯巴树脂

如果证书检验结论这一栏出示的是天然树脂或柯巴树脂，证明该样品不是人工合成的仿琥珀材料，而是石化时间较短的柯巴树脂，尚不能称其为琥珀。

◎ 天然树脂/柯巴树脂的鉴定证书

❋ 证书类型六：仿琥珀

如果证书检验结论这一栏出示的是仿琥珀，证明该样品可能为某种人工合成材料（如塑料等），也可能为多种材料拼合而成又经后期表面处理，难以确定其具体材料名称的琥珀仿制品，非天然琥珀。

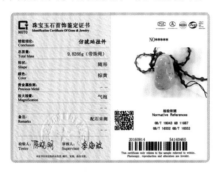

◎ 仿琥珀的鉴定证书

读懂琥珀鉴定证书是关键，至于怎样辨别证书真伪，则比较简单，一般珠宝玉石质检机构出具的鉴定证书上都会提供查询的网络地址和电话，登录网址或打电话即可查询证书真伪和样品的相关检测信息。

参考文献

[1] 张蓓莉，高岩，王曼君，等 . 中国国家质量技术监督检验检疫总局 . 中华人民共和国国家标准珠宝玉石名称 GB/T 16552 － 2010[S]. 北京：中国标准出版社 .

[2] 张蓓莉，李景芝，沈美冬，等 . 中国国家质量技术监督检验检疫总局 . 中华人民共和国国家标准珠宝玉石鉴定 GB/T 16553 － 2010[S]. 北京：中国标准出版社 .

[3] 张蓓莉 . 系统宝石学（第二版）[M]. 北京：地质出版社，2006：542 － 547.

[4] 李江彦 . 琥珀——人鱼的眼泪 [M]. 重庆：重庆出版社，2007.

[5] 李海波，沈美冬 . 琥珀的鉴定及定名 [A].2007 中国珠宝首饰学术交流会论文集，2007：60 － 65.

[6] 李海波，陆太进，沈美冬，等 . 覆膜琥珀的鉴定及定名 [A]. 珠宝与科技——中国珠宝首饰学术交流会论文集（2011）[M]. 北京：地质出版社，2011：134 － 137.

[7] 李海波 . 看懂六种琥珀证书 [J]. 中国宝石，2011，5\6 月合刊：189 － 191.

[8] 李海波，陆太进，沈美冬，等 . 不同时期再造琥珀的微细结构对比及鉴定 [J]. 宝石和宝石学杂志，2012，14（2）：36 － 39.

[9] 李海波，梁洁，陆太进，等 . 贴皮琥珀的鉴定特征 . 珠宝与科技——中国珠宝首饰学术交流会论文集（2013）[M]. 北京：地质出版社，2013：122 － 124.

[10] 王民民，李海波，李梅，等 . 琥珀及其相似品实验室检测方法探讨 . 珠宝与科技——中国珠宝首饰学术交流会论文集（2013）[M]. 北京：地质出版社，2013：136 － 138.

[11] 王雪，李海波 . 琥珀认知 [J]. 中国宝石，2014，95（2）：92 － 95.

[12] 李海波 . 警惕假"鸡油黄"琥珀——一种覆黄色膜琥珀的鉴定特征 [J]. 中国宝石学术专刊，2015 年 5\6 月刊：8 － 9.

[13] 李海波，沈美冬 .NGTC 珠宝实验室见闻——琥珀的检测风险与挑战 [J]. 中国黄金珠宝，2015，225（4）：12 － 13.

[14] 龚卉，郭星，李海波，等 . 一种新型仿虫珀的鉴定特征 . 珠宝与科技——中国珠宝首饰学术交流会论文集（2015）[M]. 北京：地质出版社，2015：158 － 160.

[15] 李海波，龚卉，等 . 充填琥珀的鉴定及定名 . 珠宝与科技——中国珠宝首饰学术交流会论文集（2015）[M]. 北京：地质出版社，2015：142 － 146.

[16] 李海波 .NGTC 珠宝实验室见闻——2015 琥珀检测盘点 [J]. 中国黄金珠宝，2016，235（2）：10 － 12.

[17] 李海波 . 如何鉴定充填琥珀 [J]. 中国宝石——中国珠宝玉石首饰行业协会琥珀分会会刊，2016，7\8 月合刊：28 － 31.

[18]Li Haibo，Lu Taijin，Shen Meidong，et al. Amber with mineral inclusions [J]. Gems & Gemology，2010，46（4）：309 － 310.

[19]Jie Liang，Haibo Li，Taijin Lu，et al. Composite amber with an unusual structure [J]. Gems & Gemology，2013，49（4）：216 － 263.